ふりことは

月　日

かかった時間　　分

ふりこについて，言葉や図をなぞりましょう。

ふりことは

棒（ぼう）やひもにおもりをつけ，左右にふれるようにしたものを［ふりこ］という。

ふりこが，一方のはしからふれ始めて，再びもとの位置にもどってくることを，「ふりこが［1往復（おうふく）］する」という。

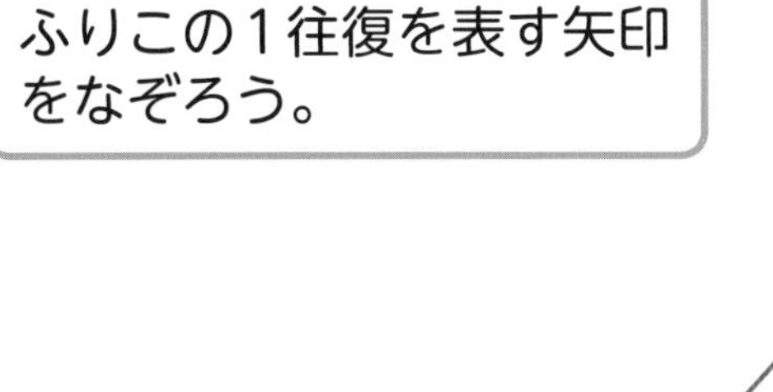

チャレンジ！

ふりこの1往復を表す矢印をなぞろう。

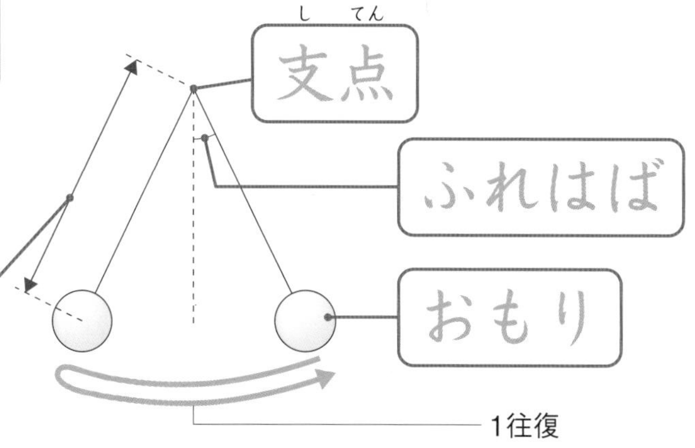

ふりこの長さは，支点からおもりの中心までの長さであることに気をつけよう。

身のまわりのふりこ

メトロノームやブランコのように，身のまわりの道具にもふりこは利用されている。

たこ糸や竹ひごの先に，ビー玉や丸めたねん土をつければ，身のまわりのものを使ってふりこを作ることができる。

1 右の図を見て，次の問いに答えましょう。

(1) 右の図のⒶの点をふりこの何といいますか。　(　　　　　　　)

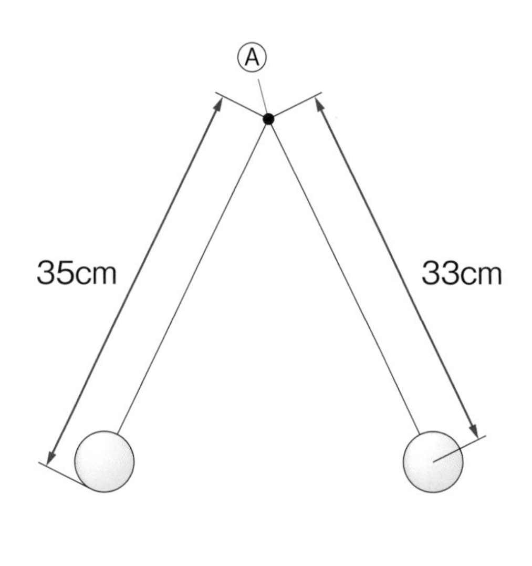

(2) 右の図のふりこの長さは何cmですか。　(　　　　　　　)

(3) 下の図の㋐～㋒のうちで，ふりこのふれはばが最も小さいものはどれですか。　(　　　　)

㋐
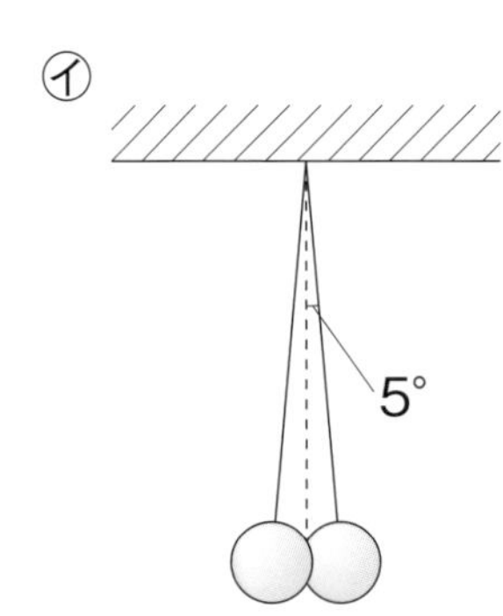

㋑
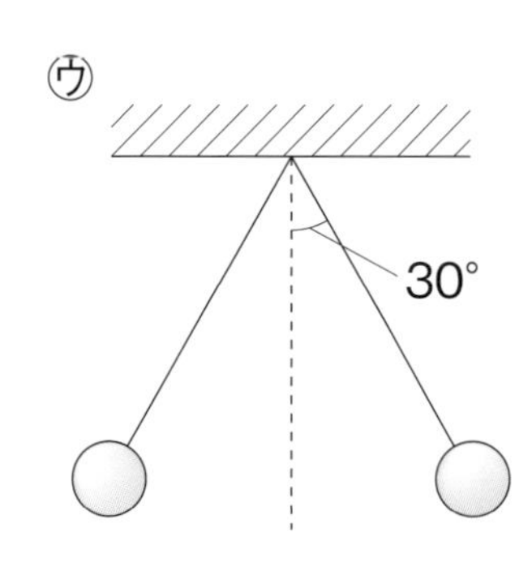

㋒

(4) 下の図の㋐～㋒のうちで，矢印が1往復の動きを表しているものはどれですか。　(　　　　)

㋐
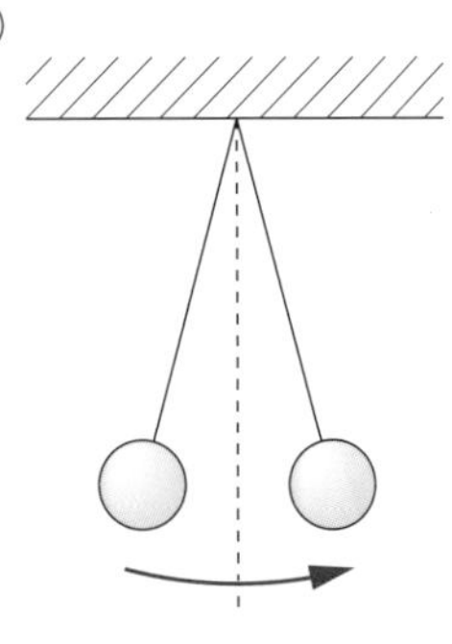

㋑
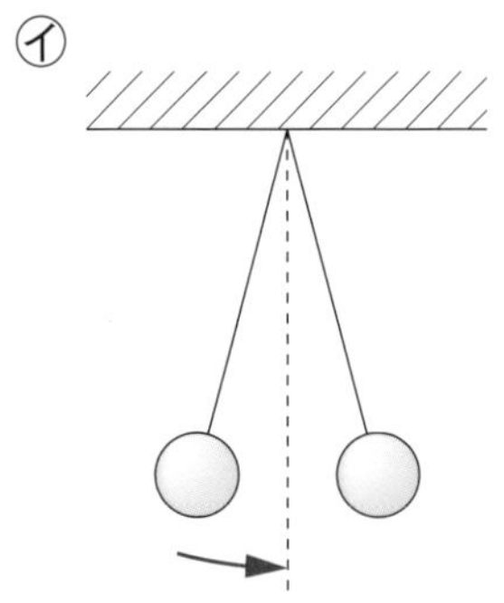

㋒
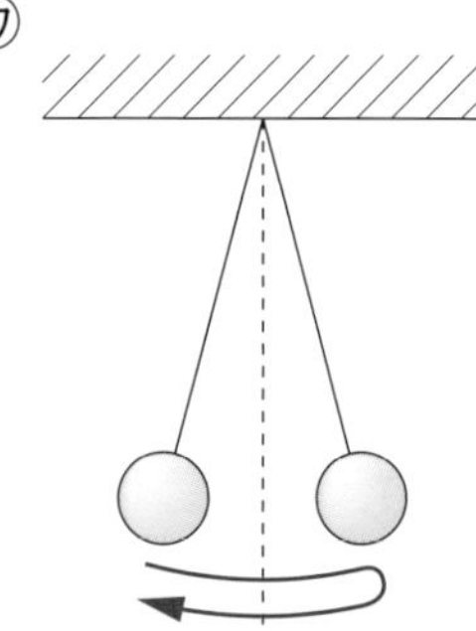

ヒント
(2)ふりこの長さとは，Ⓐの点からおもりの中心までの長さのことです。
(4)1往復は，ふりこが動き出した位置にもどってくるまでの動きです。

ふりこが1往復する時間の求め方

月　日
かかった時間
分

ふりこが1往復(おうふく)する時間の求め方について，言葉や数字をなぞりましょう。

ふりこが1往復する時間の求め方

おもりがふれて，もう一度一方のはしにもどってきたときを1往復として，

ふりこが 10往復 する時間を 3回 はかり，10往復する時間の合計を求める。

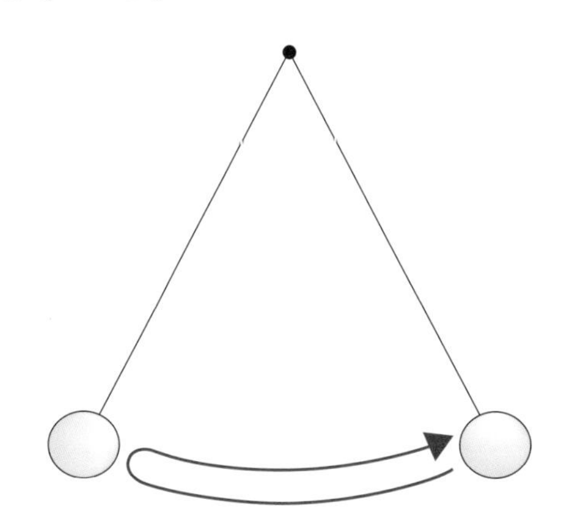

チャレンジ！
数字をなぞって，表を完成させよう。

	1回目	2回目	3回目	合計
10往復する時間	14秒	16秒	15秒	45秒

10往復する時間の 平均(へいきん) を求める。

45 ÷ 3 = 15 (秒)

ふりこが1往復する時間の平均を求める。

15 ÷ 10 = 1.5 (秒)

ふりこが1往復する時間は短くて，正確(せいかく)にはかるのはむずかしいから，平均を使って調べるよ。

1 右の図のふりこが1往復する時間を調べるために，10往復する時間を3回はかったところ，表のようになりました。あとの問いに答えましょう。

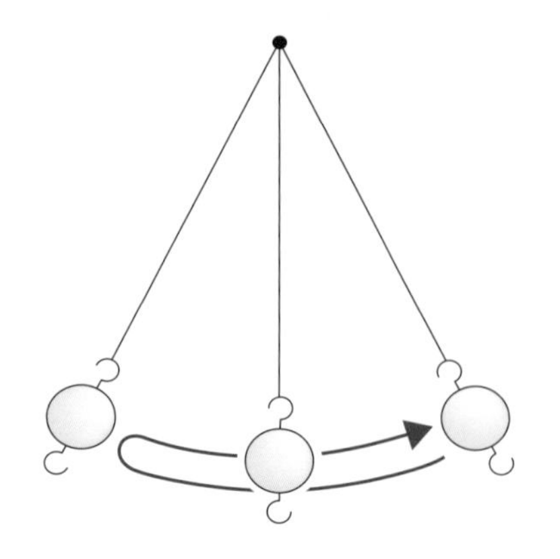

1回目	2回目	3回目
22秒	21秒	23秒

(1) ふりこが1往復する時間はどのように求めればよいですか。次の文の（　　）にあてはまる数字を書きましょう。

ふりこが10往復する時間の合計を①（　　　　）でわって10往復する時間の平均を求めた後，これを②（　　　　）でわって求める。

(2) ふりこが1往復する時間を(1)のように求める理由を次の**ア**，**イ**から選びましょう。

（　　　　）

ア 同じ条件（じょうけん）でもふりこが1往復するごとに時間が変わるから。
イ ふりこが1往復する時間は短く，正確にはかるのがむずかしいから。

(3) 表の結果から，10往復する時間の合計を計算しましょう。

（　　　　　　）

(4) 10往復する時間の平均を計算しましょう。

（　　　　　　）

(5) (4)をもとに，ふりこが1往復する時間を求めましょう。

（　　　　　　）

(1)(2)ふりこが1往復する時間は正確にはかるのがむずかしいので，10往復した時間の合計から平均を出して求めます。

ふりこのきまり①

月　日
かかった時間
分

ふりこのふれはばやおもりの重さと，1往復（おうふく）する時間の関係ついて，言葉をなぞりましょう。

ふりこのふれはば

ふりこの ふれはば を変えても，ふりこが1往復する時間は 変わらない 。

ふりこのふれはばの条件（じょうけん）を変えて調べるときは，ふりこの長さとおもりの重さの条件は同じにしようね。

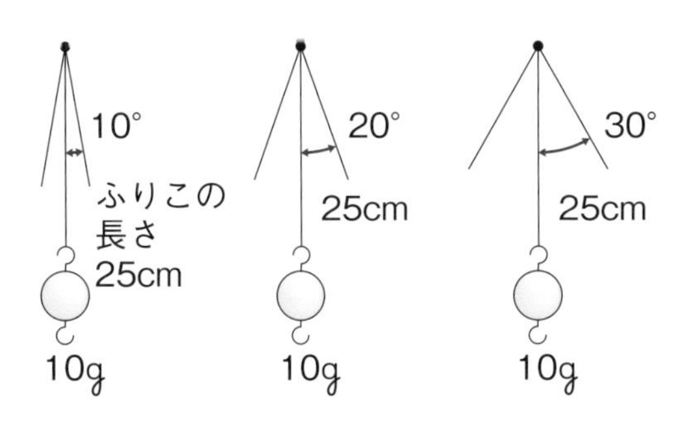

ふれはば	1往復する時間			
	1回目	2回目	3回目	平均
10°	1.0秒	1.0秒	1.0秒	1.0秒
20°	0.9秒	1.1秒	1.0秒	1.0秒
30°	1.0秒	1.0秒	0.9秒	1.0秒

おもりの重さ

ふりこの おもり の 重さ を変えても，ふりこが1往復する時間は 変わらない 。

おもりの重さの条件を変えて調べるときは，ふりこの長さとふりこのふれはばの条件は同じにしようね。

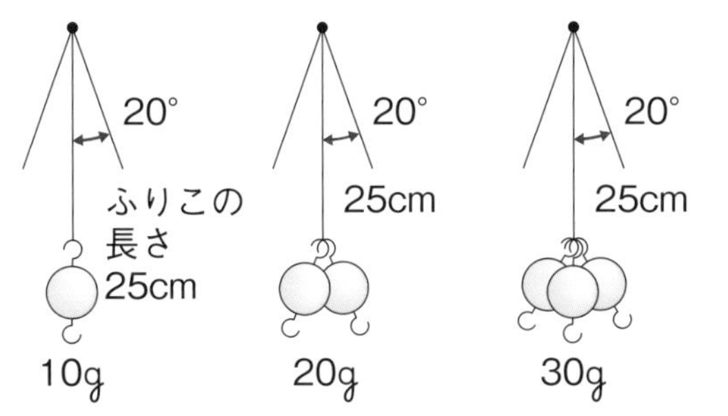

おもりの重さ	1往復する時間			
	1回目	2回目	3回目	平均
10g	0.9秒	1.1秒	1.0秒	1.0秒
20g	1.0秒	1.0秒	1.1秒	1.0秒
30g	1.0秒	1.0秒	0.9秒	1.0秒

1 **右の図の２つのふりこを使って，ふりこのふれはばとふりこが１往復する時間の関係を調べました。次の問いに答えましょう。**

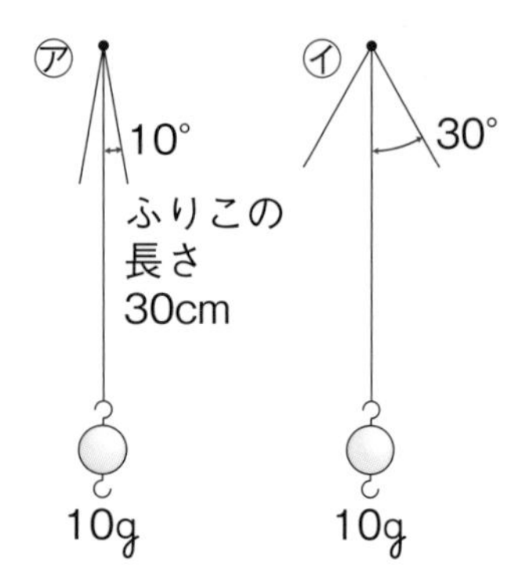

(1)　この実験をするとき，変える条件には○，変えない条件には×を書きましょう。

ふりこのふれはば(　　　　)　おもりの重さ(　　　　)

ふりこの長さ　　(　　　　)

(2)　㋐のふりこが１往復する時間の平均は1.1秒でした。このとき，㋑のふりこが１往復する時間の平均を**ア**～**ウ**から選びましょう。

(　　　　)

ア　1.1秒より短くなる。　**イ**　約1.1秒になる。　**ウ**　1.1秒より長くなる。

2 **右の図の３つのふりこを使って，おもりの重さとふりこが１往復する時間の関係を調べました。次の問いに答えましょう。**

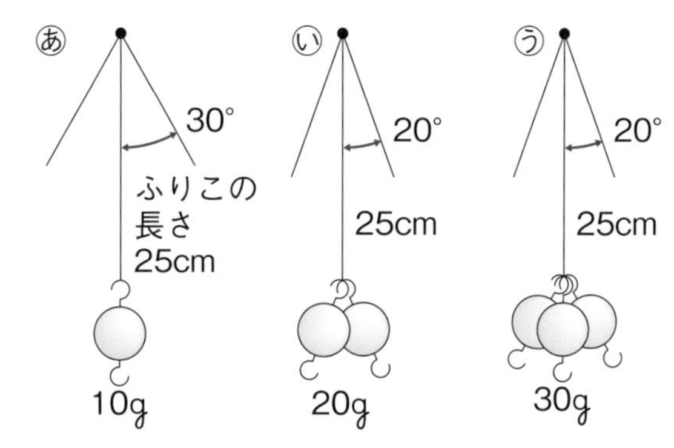

(1)　右の図のふりこの条件には，あやまりが１つあります。正しく実験を行うには，どのふりこの条件をどのように変えればよいですか。次の文の(　　)にあてはまる記号と言葉を書きましょう。

(記号　　　　)のふりこの(　　　　　　　　　　)にする。

(2)　うにつるすおもりの重さを25gにすると，ふりこが１往復する時間の長さは，おもりを変える前と比(くら)べてどうなりますか。

(　　　　)

ヒント　1(1)，2(1)実験をするときは，調べたいものの条件だけを変えます。

ふりこのきまり②

月　日
かかった時間
分

ふりこの長さと，1往復(おうふく)する時間の関係について，言葉や数字をなぞりましょう。

ふりこの長さとふりこが1往復する時間

ふりこの長さを変えて，1往復する時間の平均(へいきん)を求める。

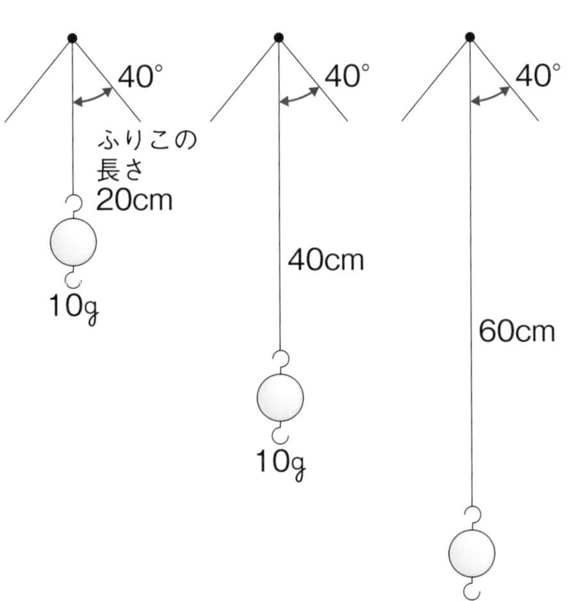

変えない条件(じょうけん)
・おもりの重さ
・ふりこの ふれはば

ふりこが1往復する時間とふりこの長さの関係を調べるときは，おもりの重さとふりこのふれはばの条件は変えないようにしよう。

チャレンジ！

数字をなぞって，表を完成させよう。

ふりこの長さ	10往復する時間			10往復する時間の平均	1往復する時間の平均
	1回目	2回目	3回目		
20cm	9秒	10秒	9秒	9.3秒	0.9秒
40cm	13秒	12秒	13秒	12.7秒	1.3秒
60cm	16秒	16秒	15秒	15.7秒	1.6秒

ふりこが1往復する時間は，ふりこの 長さ によって変わる。

ふりこの長さが長くなるほど，ふりこが1往復する時間は 長く なる。

1 **右の図のふりこが1往復する時間の調べ方として最もよいものを，ア～ウから選びましょう。**

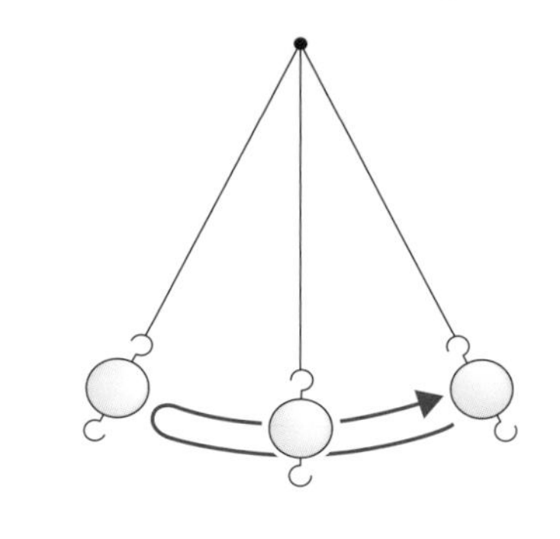

（　　　　　）

ア　ふりこが１往復する時間を１回だけはかる。

イ　ふりこが10往復する時間を１回だけはかって，１往復する時間の平均を求める。

ウ　ふりこが10往復する時間を３回はかって，10往復する時間の平均を求めた後，１往復する時間の平均を求める。

2 **右の図の㋐～㋓のふりこを用意し，おもりの重さを同じにしてふりこが1往復する時間を調べました。次の問いに答えましょう。**

㋐ 20° ふりこの長さ 20cm 10g

㋑ 20° 40cm 10g

㋒ 10° 30cm 10g

㋓ 30° 30cm 10g

(1)　ふりこのふれはばとふりこが１往復する時間の関係を調べるには，㋐～㋓のどれとどれを比（くら）べればよいですか。

（　　　　，　　　　）

(2)　ふりこの長さとふりこが１往復する時間の関係を調べるには，㋐～㋓のどれとどれを比べればよいですか。

（　　　　，　　　　）

(3)　１往復する時間が最も長いふりこを，㋐～㋓から選びましょう。

（　　　　）

(4)　ふりこの長さとふれはばを変えずにおもりの重さを重いものに変えると，ふりこが１往復する時間はどうなりますか。

（　　　　　　　　）

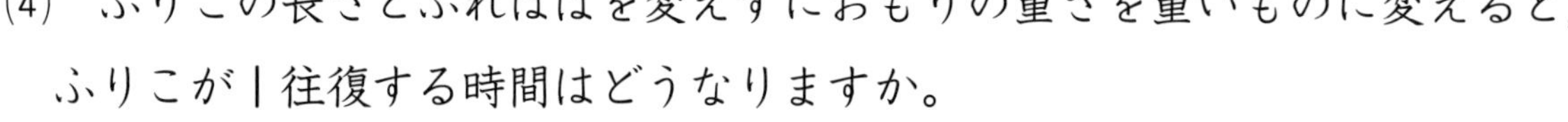
ヒント　2 ふりこが1往復する時間を比べるときは，比べる条件以外の条件が同じふりこを使って実験をしましょう。

ふりこを利用したもの

月　日
かかった時間
分

ふりこを利用した道具について，言葉をなぞりましょう。

メトロノーム

一定の速さで音をきざむため，音楽を演(えん)そうするときなどに，リズムを合わせるのに使われる道具を メトロノーム という。

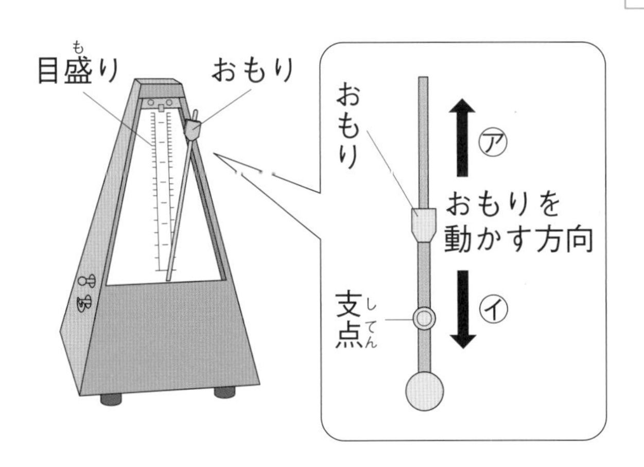

ア　ふりこの長さが長くなり，テンポは おそくなる 。

イ　ふりこの長さが短くなり，テンポは 速くなる 。

ふりこ時計

ふりこが動く速さに合わせて秒針(びょうしん)が動く時計を ふりこ時計 という。

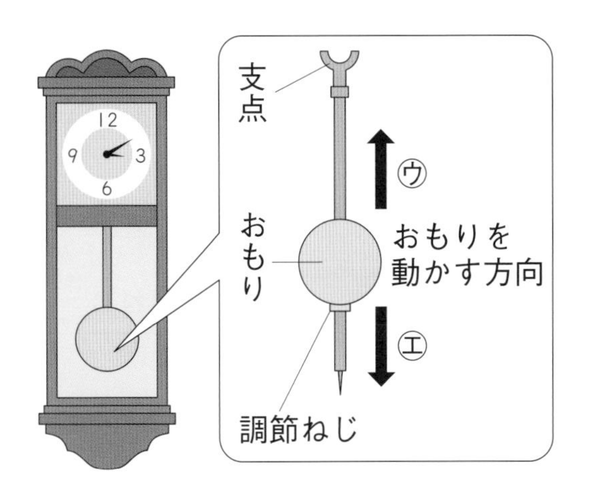

ウ　ふりこの長さが短くなり，秒針は 速く進む 。

エ　ふりこの長さが長くなり，秒針は おそく進む 。

支点とおもりの位置関係をセットで覚えようね。

1 ふりこを利用した道具について，次の問いに答えましょう。

(1) メトロノームが音をきざむ速さを，速くしたいとき，右の図の㋐，㋑のどちらの方向におもりを動かせばよいですか。

(　　　　)

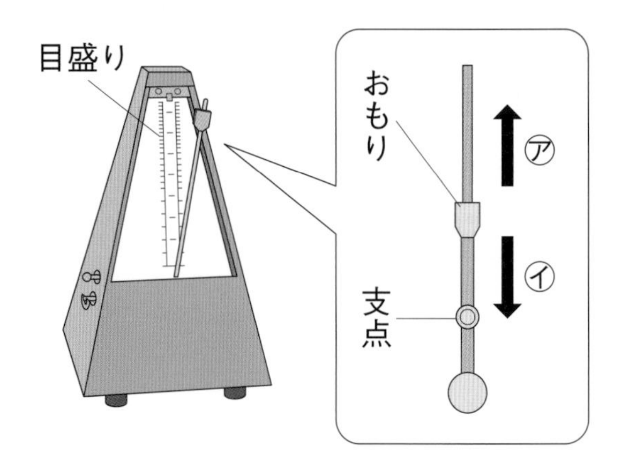

(2) メトロノームのおもりを50の目盛りに合わせると，おもりは1分間で左右に合計50回動きます。このときふりこは何往復（おうふく）しますか。

(　　　　)

(3) メトロノームのおもりが，100の目盛りに合わせられているとき，70の目盛りに合わせるには，上の図の㋐，㋑のどちらの方向におもりを動かせばよいですか。

(　　　　)

(4) ふりこ時計のおもりを，右の図の㋒の方向に動かすと，秒針が動く速さはどうなりますか。

(　　　　)

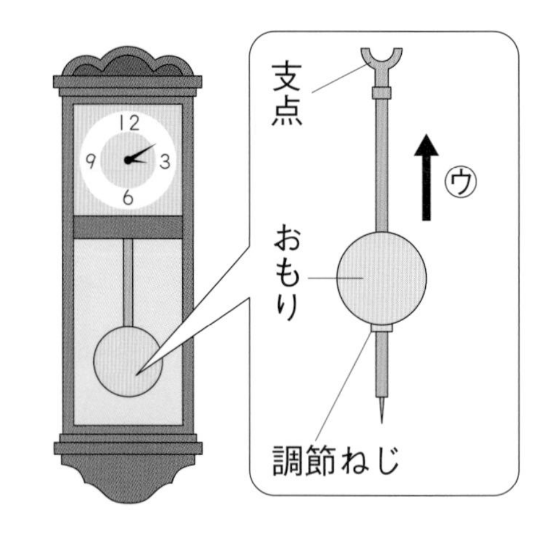

(5) ふりこ時計のおもりを，重さが大きいものにとりかえると，秒針が動く速さはどうなりますか。

(　　　　)

ヒント
(3)目盛りの数字が大きいほど，ふりこが1往復する時間は短くなります。
(4)㋒の方向に動かすと，ふりこの長さは短くなります。

電子てんびん，上皿てんびん

月　日
かかった時間
分

電子てんびんと上皿てんびんについて，言葉や数字をなぞりましょう。

電子てんびんの使い方

水平 なところに置いてスイッチを入れ，表示が 0g であることを確かめてから，皿の上に重さをはかるものを 静かに のせる。

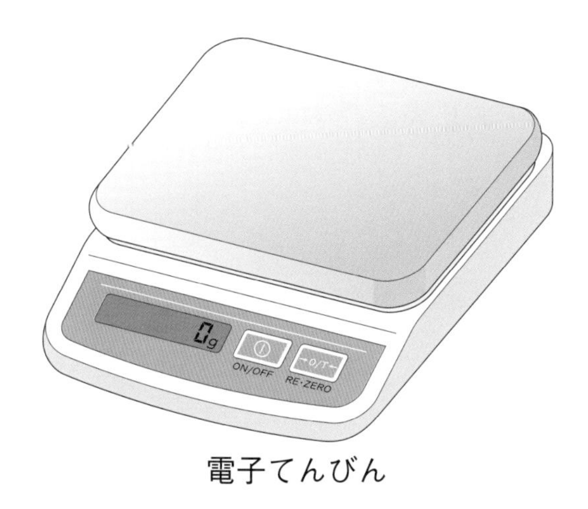

電子てんびん

何ものせていないときに表示が0gでないときは，決められたボタンをおして0gにしよう。

上皿てんびんのそれぞれの部分の名前

㋐ はり

正面から見て，左右に同じはばでふれていれば，つり合っている。

㋑ 皿

使わないときは，片方に重ねて置いておく。

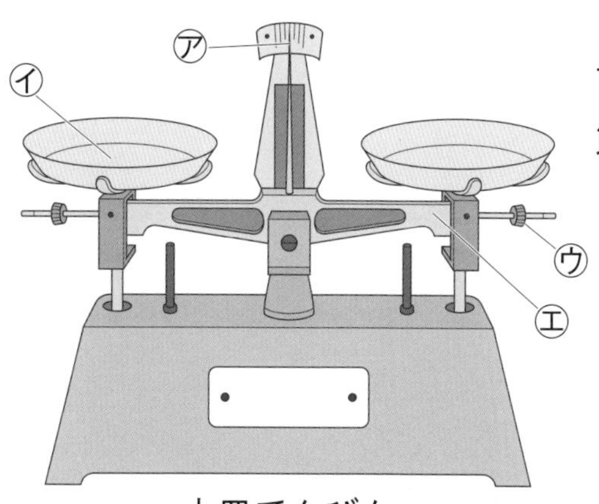

上皿てんびん

㋒ 調節ねじ

皿に何ものせていないときにつり合っていなければ調節する。

㋓ うで

左右で長さが同じである。

1 右の図を見て，次の問いに答えましょう。

(1)　この器具を何といいますか。

(　　　　　　　　　　)

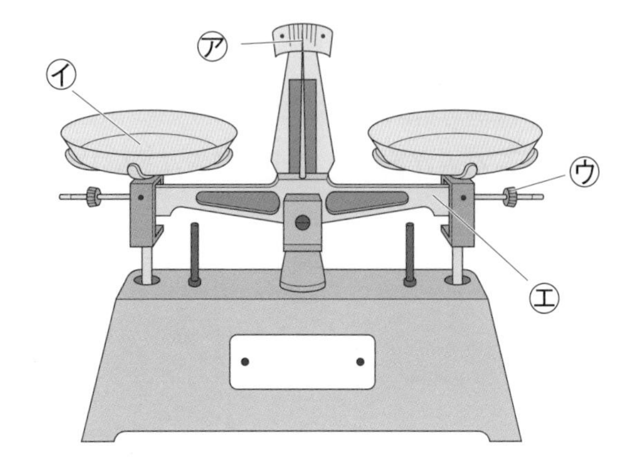

(2)　皿に何ものせていないときにつり合っていなければ，図のア～エのどこを調節しますか。

(　　　　)

(3)　(1)の器具を使ってものの重さをはかっているとき，はりはふれている途中でしたが，つり合っていることがわかりました。それはなぜですか。

(　　　　　　　　　　　　　　　　　　　　)

(4)　左の皿にはかりたいものをのせて，右の皿に分銅(ふんどう)をのせると右の皿が左の皿よりも下がりました。重さをはかるためには，右の皿の分銅を重くしますか，軽くしますか。

(　　　　　　　　　　)

2 電子てんびんで重さをはかるとき，どのような手順で行いますか。次のア～ウを正しい順に並(なら)べましょう。

ア　重さをはかりたいものをのせる。
イ　水平なところに置く。
ウ　表示を0gにする。

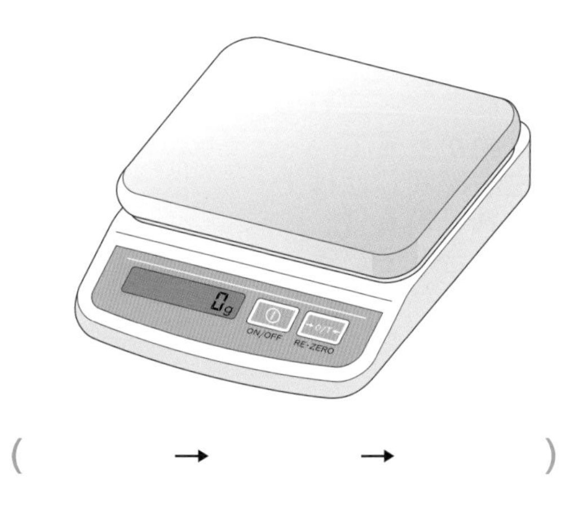

(　　　→　　　→　　　)

ヒント　1 上皿てんびんは，皿が下がっているほうが重く，上がっているほうが軽いです。つり合わせるためには，左右の皿の上のものの重さを同じにします。

メスシリンダーの使い方と単位

月　日
かかった時間
分

メスシリンダーの使い方と単位について，言葉や数字，図をなぞりましょう。

メスシリンダーの目盛(も)りの読み方

メスシリンダーを 水平 なところに置き，液面(えきめん)のへこんだ平(たい)らな面を，真横 から見て読む。

チャレンジ！
図の目盛りの読み方の矢印をなぞろう。

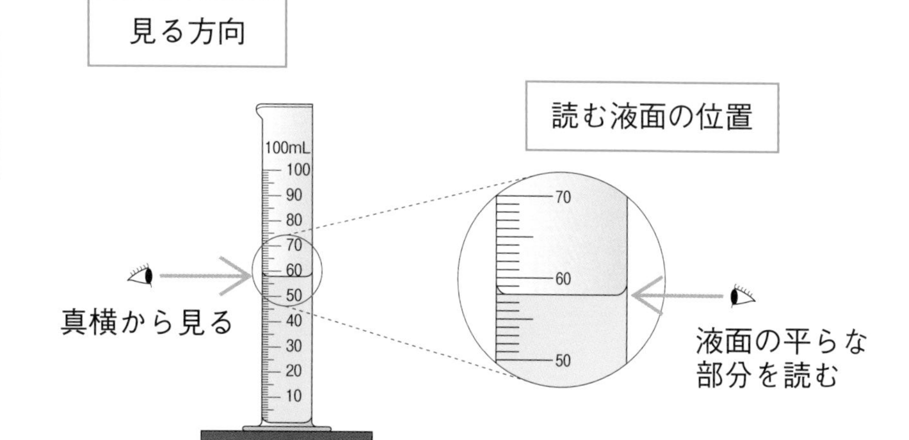

mLとgの関係

1mLの水の重さは 約1g である。上の図のメスシリンダーに入っている液体(えきたい)が水のとき，体積は 58mL だから，メスシリンダーに入っている水の重さは 約58g とわかる。

1mLあたりの重さがわかっていれば，はかりとった液体のだいたいの重さがわかるね。

1 右の図を見て，次の問いに答えましょう。

(1)　この器具を何といいますか。

(　　　　　　　)

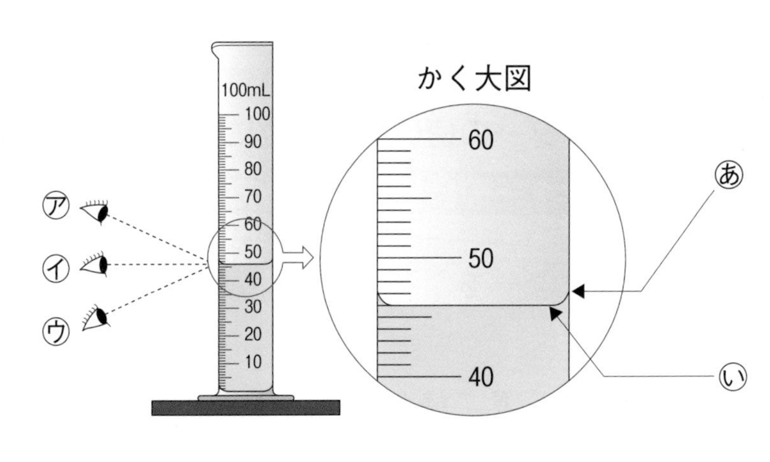

(2)　目盛りを読むときの目の位置は，図のア～ウのどこですか。

(　　　　　)

(3)　目盛りを読むときに見る液面は，図のあ，いのどちらですか。

(　　　　　)

(4)　(1)の器具はどのようなところに置いて使いますか。

(　　　　　　　　　　)

(5)　図の(1)の器具に入っている液体の体積は何 mL ですか。

(　　　　　)

(6)　図の(1)の器具に入っている液体が水のとき，この水の重さは約何 g ですか。

(　　　　　)

(7)　39g の水を(1)の器具を使ってはかりとるとき，水を(1)の器具のどの目盛りまで入れればよいですか。

(　　　　　)

ヒント　(6)(7) 1mL の水の重さは約 1g です。逆(ぎゃく)に，1g の水の体積は約 1mL です。

ものが水にとけるとは

ものが水にとけるときについて，言葉や数字をなぞりましょう。

もののとけ方

ものを水に入れたときに，水の中でものが均一(きんいつ)に広がり，とうめいな液(えき)になることを，ものが水にとけるといい，ものが水にとけた液のことを水よう液という。

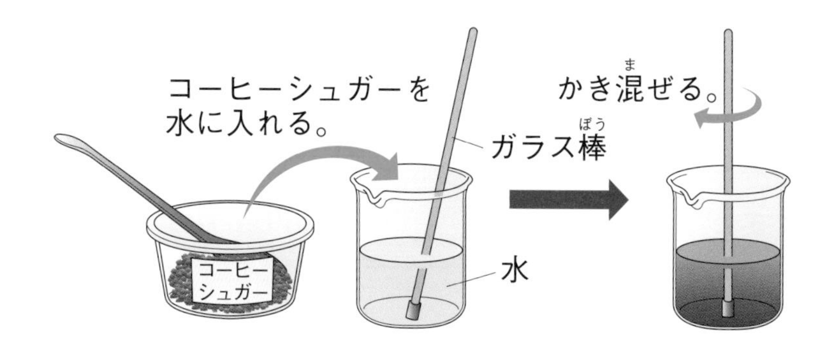

色がついていても，
とうめいなら，
水にとけている
といえるよ。

ものをとかした後の水よう液の重さ

チャレンジ！
下の図の数字をなぞってみよう。

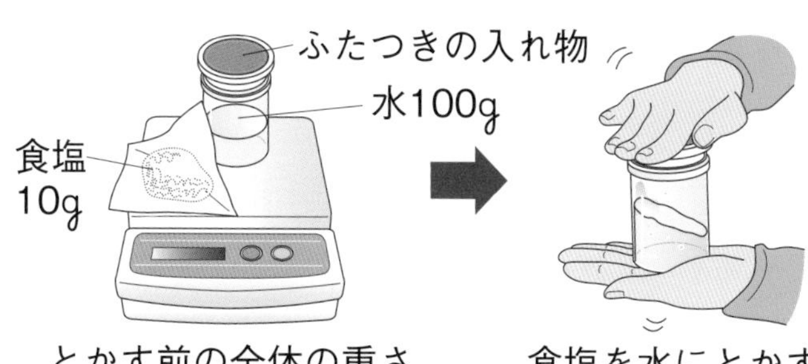

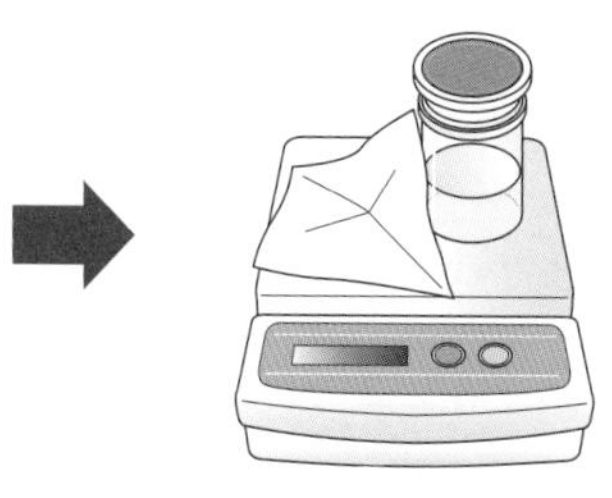

とかす前の全体の重さ　135g

食塩を水にとかす。

とかした後の全体の重さ　135g

ものを水にとかす前と後で，全体の重さは変わらない。

1 コーヒーシュガーを水に入れてよくかき混ぜたところ，右の図のようになりました。次の問いに答えましょう。

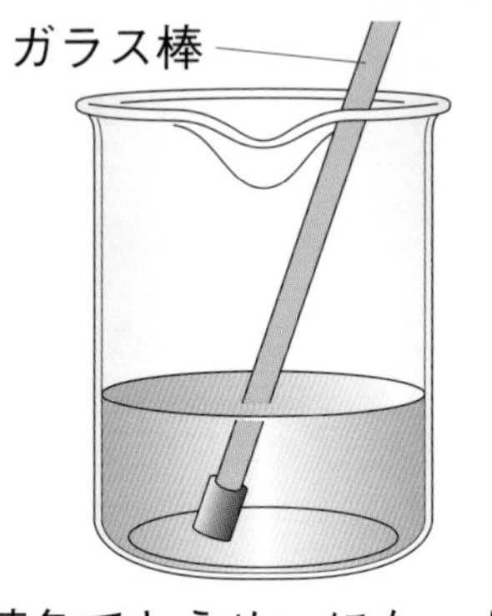

茶色でとうめいになった。

(1) コーヒーシュガーは水にとけたといえますか，いえませんか。

(　　　　　　　　)

(2) (1)のような液を何といいますか。

(　　　　　　　　)

2 右の図のようにして，ものを水にとかす前ととかした後の重さを調べました。次の問いに答えましょう。

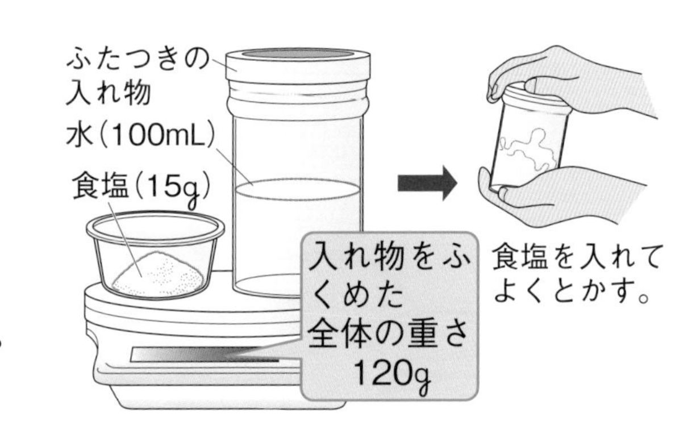

(1) 食塩を水にとかした後の重さのはかり方を，**ア**，**イ**から選びましょう。

(　　　　)

ア 食塩がとけた液だけをはかる。

イ 食塩がとけた液と食塩を入れていた容器（ようき）をいっしょにはかる。

(2) (1)の正しい方法で重さをはかったとき，食塩を水にとかす前ととかした後を比（くら）べたときの重さを，**ア**～**ウ**から選びましょう。

(　　　　)

ア 食塩を水にとかす前のほうが重い。

イ 食塩を水にとかした後のほうが重い。

ウ 食塩を水にとかす前ととかした後の重さは同じ。

(3) 食塩を水にとかしてできた<u>液の重さ</u>を求めましょう。ただし，水1mLの重さは1gです。

(　　　　　　　　)

ヒント 1 ものを水にとかしたとき，色がついていても，とうめいであれば，ものは水にとけているといえます。ものは，水にとけて見えなくなっても，とけた水の中にあります。

郵便はがき

おそれいりますが，切手をおはりください。

141-8426

東京都品川区西五反田２－11－８
（株）文理

「できる!! がふえる♪ドリル」
アンケート 係

ご住所	〒 都道府県 市区郡 電話 ― ―		
お名前	フリガナ	男・女	学年 年
お買上げ月	年 月	学習塾に	□通っている □通っていない
スマートフォンを	□持っている □持っていない		

＊ご住所は町名・番地までお書きください。

✂はがきで送られる方はここを切り取ってください。

「できる!! がふえる♪ドリル」をお買い上げいただき，ありがとうございました。今後のよりよい本づくりのため，裏にありますアンケートにお答えください。

アンケートにご協力くださった方の中から，抽選で（年２回），**図書カード1000円分**をさしあげます。（当選者の発表は賞品の発送をもってかえさせていただきます。）なお，このアンケートで得た情報は，ほかのことには使用いたしません。

《はがきで送られる方》

① 左のはがきの下のらんに，お名前など必要事項をお書きください。
② 裏にあるアンケートの回答を，右にある回答記入らんにお書きください。
③ 点線にそってはがきを切り離し，お手数ですが，左上に切手をはって，ポストに投函してください。

《インターネットで送られる方》

文理のホームページよりアンケートのページにお進みいただき，ご回答ください。

https://portal.bunri.jp/questionnaire.html

アンケート

●次のアンケートにお答えください。回答は右のらんのあてはまる□をぬってください。

[1] 今回お買い上げになったドリルは何ですか。
① 漢字 ② 文章読解 ③ ローマ字 ④ 計算
⑤ たし算，ひき算，かけ算九九等の分野別の計算
⑥ 文章題 ⑦ 数・量・図形 ⑧ 社会 ⑨ 英語
⑩ 理科

[2] この本をお選びになったのはどなたですか。
① お子様 ② 保護者様 ③ その他

[3] この本を選ばれた決め手は何ですか。（複数可）
① 内容・レベルがちょうどよいので。
② 説明がわかりやすいので。
③ カラーで見やすく，わかりやすいので。
④ イラストが楽しく，わかりやすいので。
⑤ 以前に使用してよかったので。
⑥ 付録がついているので。
⑦ その他

[4] どのような使い方をされていますか。（複数可）
① おもに授業の先取り学習に使用。
② おもに授業の復習に使用。
③ おもに前学年の復習に使用。
④ 小学校入学に備えて。
⑤ その他

[5] どなたといっしょに使用されていますか。
① お子様が一人で使用。
② 保護者様とごいっしょに使用。
③ 答え合わせだけ，保護者様と使用。
④ その他

[6] 内容はいかがでしたか。
① わかりやすい。 ② ややわかりにくい。
③ わかりにくい。 ④ その他

[7] 問題の量はいかがでしたか。
① ちょうどよい。 ② 多い。 ③ 少ない。

[8] 問題のレベルはいかがでしたか。
① ちょうどよい。 ② 難しい。 ③ やさしい。

[9] ページ数はいかがでしたか。
① ちょうどよい。 ② 多い。 ③ 少ない。

[10]「答えとてびき」はいかがでしたか。
① わかりやすい。 ② ふつう。
③ もっとくわしく。

[11] 表紙デザインはいかがでしたか。
① よい。 ② ふつう。 ③ あまりよくない。

[12] カラーの誌面デザインはいかがでしたか。
① よい。 ② ふつう。 ③ あまりよくない。

[13] 付録のシールはいかがでしたか。(1，2 年のみ)
① よい。 ② ふつう。 ③ あまりよくない。

[14] 付録のボード（英語以外）や単語カード・CD（英語）はいかがでしたか。
① よい。 ② ふつう。 ③ あまりよくない。

[15] 文理の問題集で，使用したことがあるものがあれば教えてください。
① 教科書ワーク
② 教科書ドリル
③ トップクラス問題集
④ その他

[16]「できる !! がふえる♪ドリル」について，ご感想やご意見・ご要望等がございましたら教えてください。

[17] このドリルのほかに，お使いになっている参考書や問題集がございましたら，教えてください。また，どんな点がよかったかも教えてください。

アンケートの回答：記入らん

[1] □① □② □③ □④ □⑤ □⑥ □⑦ □⑧ □⑨ □⑩
[2] □① □② □③(　　　)
[3] □① □② □③ □④ □⑤ □⑥ □⑦(　　　)
[4] □① □② □③ □④ □⑤(　　　)
[5] □① □② □③ □④(　　　)
[6] □① □② □③ □④(　　　)
[7] □① □② □③
[8] □① □② □③
[9] □① □② □③
[10] □① □② □③
[11] □① □② □③
[12] □① □② □③
[13] □① □② □③
[14] □① □② □③
[15] □① □② □③ □④(　　　)
[16]
[17]

ご協力ありがとうございました。できる !! がふえる♪ドリル＊

水の量とものが水にとける量

月　日
かかった時間
分

ものが水にとける量についての言葉や図をなぞりましょう。

水の量とものが水にとける量

ものが水にとける量には 限り(かぎ) があり，とける量はものによってちがう。

水の量が 2倍，3倍 に増(ふ)えると，とけるものの量も，2倍，3倍 に増える。

チャレンジ！
下の図をなぞって
グラフを完成させよう。

〔食塩が水にとける量〕

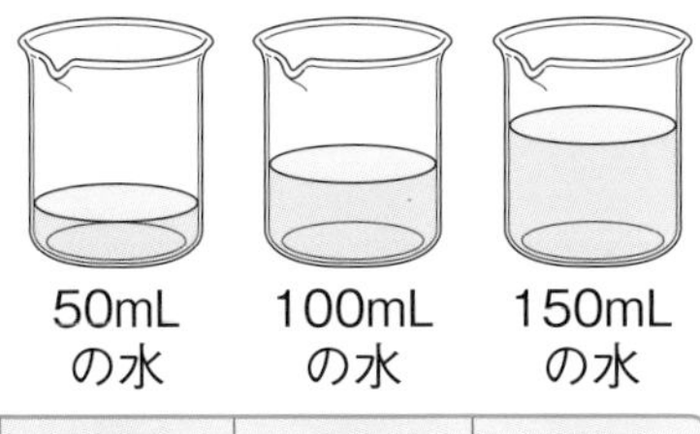

水の量	50mL	100mL	150mL
とけた食塩の量	すり切り6はい	すり切り12はい	すり切り18はい

(はい)
20, 15, 10, 5, 0
とけた食塩の量
50　100　150 (mL)
水の量

〔ミョウバンが水にとける量〕

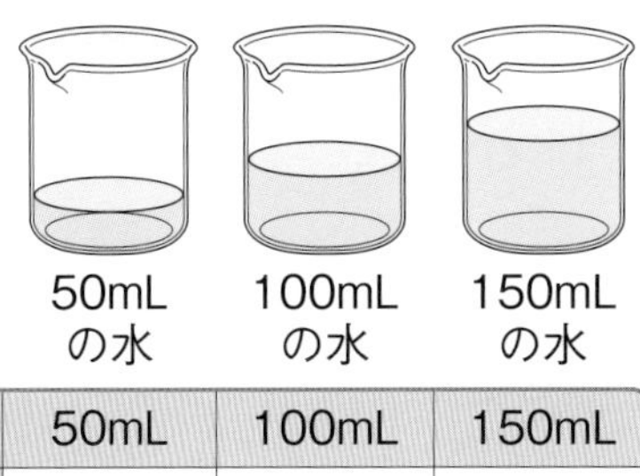

水の量	50mL	100mL	150mL
とけたミョウバンの量	すり切り2はい	すり切り4はい	すり切り6はい

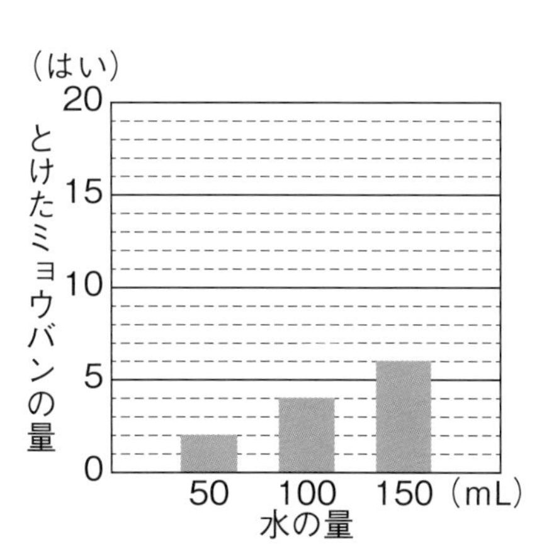

グラフから，同じ量の水にとける量は，
ミョウバンのほうが少ないとわかるね。

1 **計量スプーンを使って，食塩とミョウバンを，それぞれ50mL，100mL，150mLの水にとけるだけとかしたところ，右の表のようになりました。次の問いに答えましょう。**

50mLの水　100mLの水　150mLの水

水の量	50mL	100mL	150mL
とけた食塩の量	すり切り6はい	すり切り ㋐	すり切り18はい
とけたミョウバンの量	すり切り2はい	すり切り4はい	すり切り ㋑

(1)　図の㋐と㋑に入る量を書きましょう。

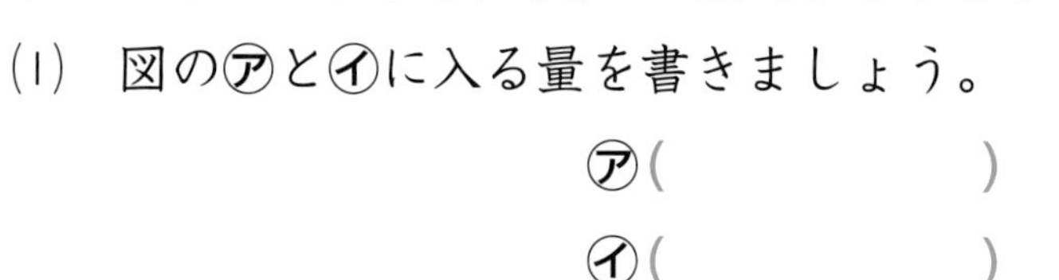

㋐(　　　　　)

㋑(　　　　　)

(2)　300mLの水を入れた2つのビーカーに，それぞれ食塩とミョウバンをとけるだけとかすと，それぞれすり切り何はいとけますか。

食塩(　　　　　)　ミョウバン(　　　　　)

(3)　食塩は50mLの水にすり切り6はいとけますが，ミョウバンはすり切り2はいしかとけません。この理由を説明した次の文の(　　　)にあてはまる言葉を書きましょう。

ものによって，水にとける量は(　　　　　　　　　　)。

(4)　200mLの水を入れた2つのビーカーに，それぞれ食塩とミョウバンをすり切り10ぱいずつ入れました。このときのそれぞれのビーカーの中のようすを**ア**，**イ**から選びましょう。

食塩(　　　　　)　ミョウバン(　　　　　)

ア　とけ残りができる。　　**イ**　すべてとける。

(5)　食塩が水にとけ残っているとき，この食塩をすべてとかす方法を**ア**，**イ**から選びましょう。

(　　　　　)

ア　さらに水を入れる。　　**イ**　水の量を減らす。

水の量が2倍，3倍になると，ものが水にとける量も2倍，3倍になります。

水の温度とものが水にとける量

月　日
かかった時間
分

水の温度とものが水にとける量について，言葉や数字をなぞりましょう。

水の温度とものが水にとける量

20℃，40℃，60℃の水50mLに，食塩とミョウバンがそれぞれ計量スプーン何はい分までとけるかを調べる。

チャレンジ！
下の数字をなぞって表を完成させよう。

〔50mLの水にとける 食塩 の量〕

水の温度	20℃	40℃	60℃
とけた食塩の量	すり切り 6 はい	すり切り 6 はい	すり切り 6 はい

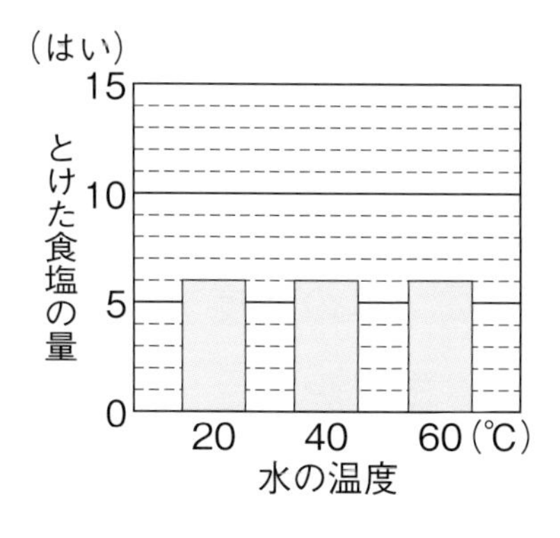

〔50mLの水にとける ミョウバン の量〕

水の温度	20℃	40℃	60℃
とけたミョウバンの量	すり切り 2 はい	すり切り 4 はい	すり切り 11 はい

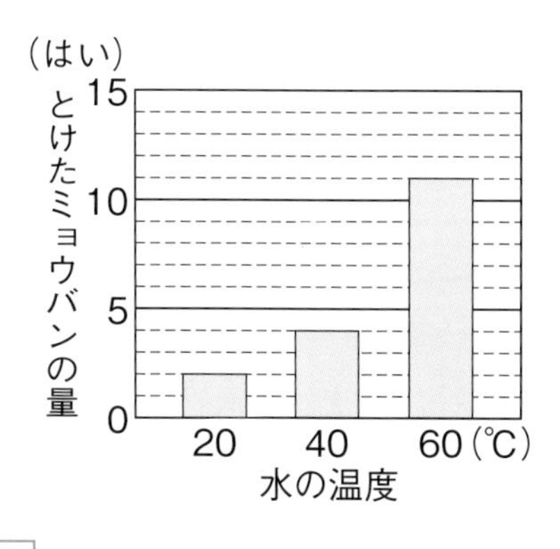

水の温度を上げると，とける ミョウバン の量は増(ふ)えるが，とける 食塩 の量はほとんど変わらない。

とかすものによって，水の温度を変えたときの，水にとける量の変化のしかたがちがうね。

1 20℃の水50mL，40℃の水50mL，60℃の水50mLをそれぞれ2つずつ用意して，ミョウバンと食塩のとける量が水の温度によって変わるかどうかを調べました。右の表はその結果です。次の問いに答えましょう。

水の温度	20℃	40℃	60℃
とけたミョウバンの量	すり切り2はい	すり切り4はい	すり切り11はい
とけた食塩の量	すり切り6はい	すり切り6はい	すり切り6はい

(1) 実験をするとき，変える条件(じょうけん)には○，変えない条件には×を書きましょう。

水の量（　　　　）　　水の温度（　　　　）
計量スプーンの大きさ（　　　　）

(2) 水の温度を60℃にすると，40℃のときと比(くら)べてとける食塩の量は増えますか。

（　　　　　　　　）

(3) 水の温度を60℃にすると，40℃のときと比べてとけるミョウバンの量は増えますか。

（　　　　　　　　）

(4) この実験から，食塩とミョウバンのとけ方のちがいについてどのようなことがわかりますか。次の文の（　　）にあてはまる言葉を書きましょう。

水の温度が上がると，とける①（　　　　　　　　）の量は増えるが，とける②（　　　　　　　）の量はほとんど変わらない。

ヒント
(1)実験をするときは，調べたいものの条件だけを変えます。
(2)(3)(4)水の温度によるとけるものの量の変化は，ものによってちがいます。

11 ろ過

月　日　かかった時間　分

ろ過のしくみについて，言葉をなぞりましょう。

ろ過とは

液体をこして，混ざっている固体をとりのぞくことを，ろ過という。

とけ残りがある食塩の水よう液をろ紙に通すと，とけ残りの食塩はろ紙に残り，食塩の水よう液だけが出てくる。

ろ過のしかた

チャレンジ！
ろ過について文字をなぞろう。

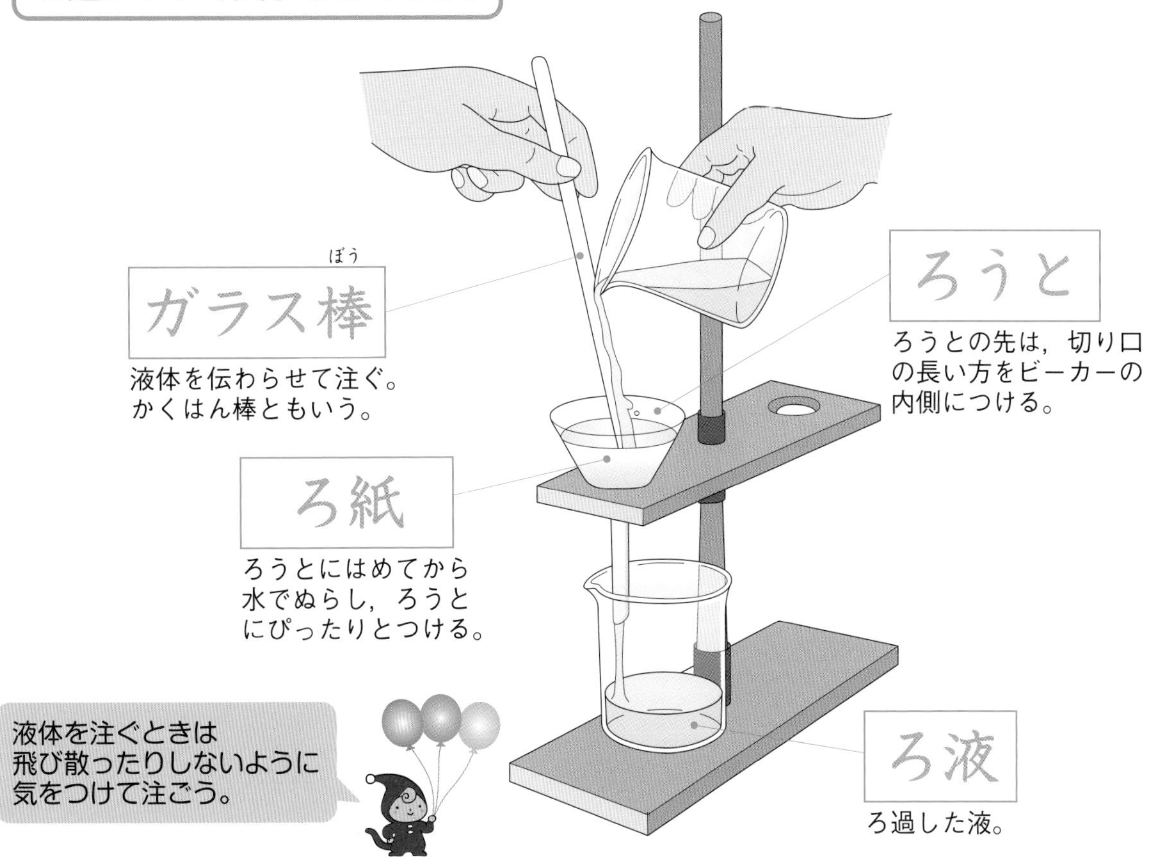

1 **ミョウバンをたくさんとかした液体を置いておくと，図１のように固体が残りました。この液体を図２のようにして液体と固体に分けました。次の問いに答えましょう。**

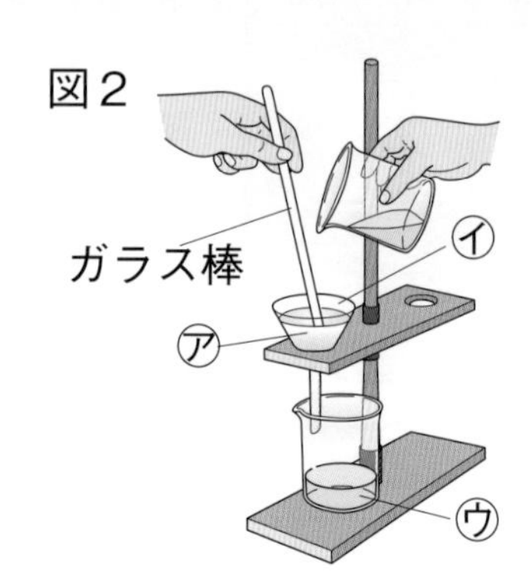

⑴　図２の㋐の紙，㋑の器具，㋒の液体を，それぞれ何といいますか。

㋐（　　　　　　　　　　）
㋑（　　　　　　　　　　）
㋒（　　　　　　　　　　）

⑵　図２のようにして液体と固体に分けることを，何といいますか。

（　　　　　　　　　　）

⑶　図２の㋐の紙を㋑の器具につけるとき，どのようにしますか。**ア**，**イ**から選びましょう。

（　　　）

ア　㋐をぬらさないように㋑におしつける。
イ　㋐を㋑にはめてから水でぬらす。

⑷　図１の液体を注ぐとき，どのようにして注ぎますか。**ア**，**イ**から選びましょう。

（　　　）

ア　ガラス棒に伝わらせて注ぐ。
イ　ビーカーから直接(ちょくせつ)㋐の紙に注ぐ。

⑸　図２の㋒の液体には，ミョウバンはとけていますか，とけていませんか。

（　　　　　　　　　　）

⑸ろ過すると，とけ残った固体はとりのぞかれますが，液体にとけているものは，とりのぞかれません。

水にとけたもののとり出し方①

月　日
かかった時間
分

水にとけたものをとり出す方法について，言葉をなぞりましょう。

水にとけたものをとり出す方法①　ミョウバンや食塩をそれぞれたくさんとかしてつくった水よう液を［ろ過］してできた液の温度を［下げる］と，［ミョウバン］はとり出すことができるが，［食塩］はとり出すことができない。

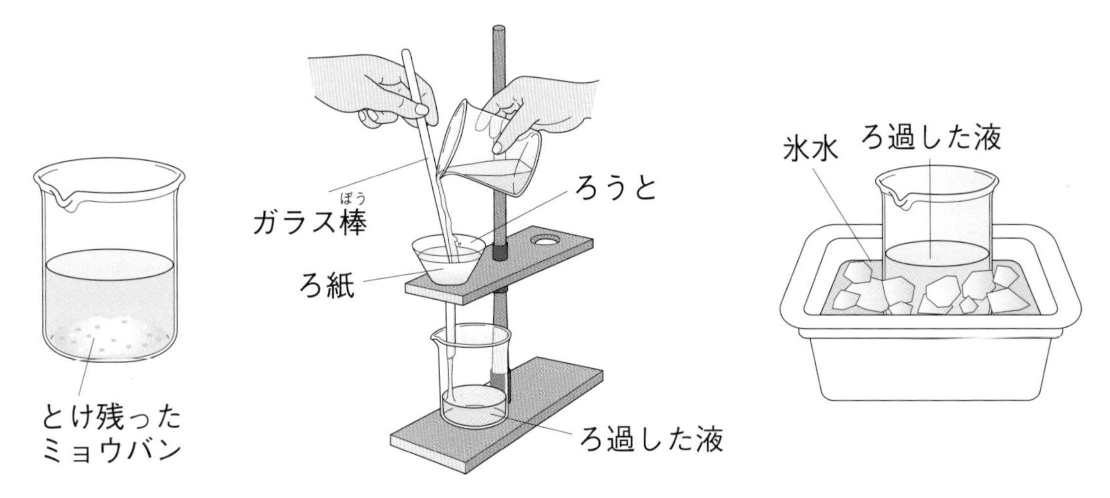

①　ミョウバンを，とけるだけとかして水よう液をつくる。
②　①のミョウバンの水よう液をろ過して，とけ残っているミョウバンをとりのぞく。
③　ろ過してできた液を，氷水で冷やしていくと，液の中にミョウバンのつぶが出てくる。

水にとけるものの量のちがい

同じ温度の水にとける食塩とミョウバンの量は，それぞれちがいます。
右のグラフのように，食塩は，水の温度が変わってもとける量がほとんど変化しないので，ろ過した液を冷やしても，つぶはほとんど出てきません。

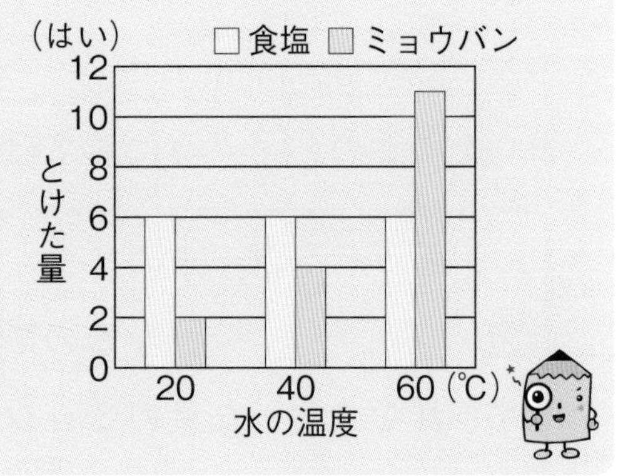

1 60℃の水にミョウバンをとけるだけとかして水よう液をつくり，とけ残りをろ過しました。ろ過した液を右の図のように氷水に入れて冷やしていくと，ビーカーの中にミョウバンのつぶが出てきました。次の問いに答えましょう。

(1) ろ過した液を40℃まで冷やしたときと，20℃まで冷やしたときとでは，出てくるミョウバンのつぶの量はどうなりますか。**ア**～**ウ**から選びましょう。

（　　　）

ア 20℃のときのほうが多い。　**イ** 40℃のときのほうが多い。
ウ どちらも出てくる量は同じである。

(2) ミョウバンのかわりに食塩を使って同じ実験をすると，食塩のつぶは出てきますか。

（　　　　　　　　　　　　）

2 右の図は，20℃，40℃，60℃の水50mLに，ミョウバンが計量スプーン何はい分までとけるのかを調べた結果です。次の問いに答えましょう。

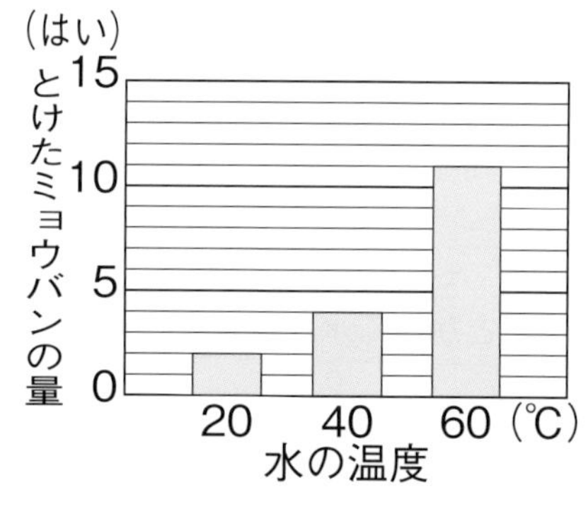

(1) 40℃の水50mLに，ミョウバンをとけるだけとかしてできた水よう液を20℃まで冷やすと，約何はい分のミョウバンをとり出すことができますか。ただし，水よう液にとけ残りはなかったものとします。

（　　　　　　　　）

(2) 次の文の（　　）にあてはまる言葉を書きましょう。

ミョウバンは，水の①（　　　　　）が低くなるほど，とける量が②（　　　　　）なるので，水よう液を冷やしていくと，その温度でとけきれなくなった量のミョウバンが出てくる。

ヒント
1 ミョウバンは，温度によって水にとける量がちがいます。
2 温度を下げたときに，とけきれなくなったミョウバンが，つぶになって出てきます。

水にとけたもののとり出し方②

月　日
かかった時間
分

水にとかしたものをとり出す方法について，言葉をなぞりましょう。

水にとけたものをとり出す方法②

水よう液から水を 蒸発 させると，水にとけていたものをとり出すことができる。

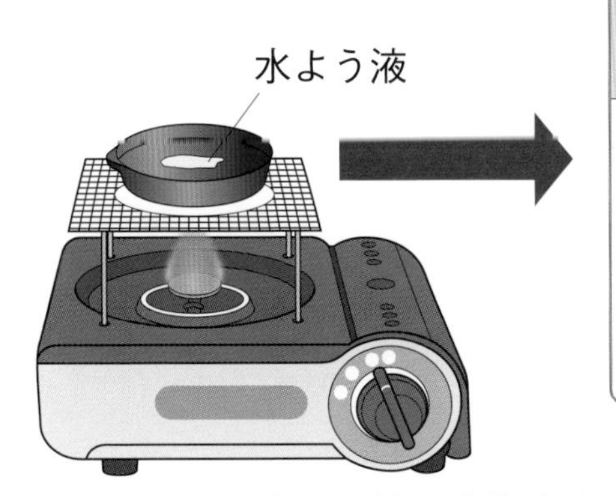

ミョウバンの水よう液と食塩水を5mLずつとり，それぞれ蒸発皿に入れて熱し，水を蒸発させる。

ミョウバンの水よう液を熱したもの	食塩水を熱したもの

水を蒸発させると， ミョウバン のつぶも 食塩 のつぶもとり出すことができる。

海水から塩をつくるには

以前の日本では，たくさんの塩がとけた海水を日光でかわかすなどしてこい塩水をつくり，これを熱して水を蒸発させることで塩をとり出していました。そのため，塩作りには天気が大きくえいきょうしました。現在は，日光を使わずにこい塩水をつくる技術が開発されたため，天気に関係なく塩をつくることができます。きれいな塩のつぶは，時間をかけてこい塩水をゆっくりとにつめることで，とり出すことができます。

1 **水50mLに食塩を10gとかして水よう液をつくりました。次の問いに答えましょう。**

(1) 食塩水から食塩のつぶをとり出す方法を，**ア**～**ウ**から選びましょう。

（　　　　）

ア 水よう液の温度を上げる。

イ 水よう液の温度を下げる。

ウ 水よう液の水を蒸発させる。

(2) 食塩水をすべて使って，(1)の方法で食塩のつぶをとり出すとき，何gの食塩のつぶをとり出すことができますか。

（　　　　）

(3) ミョウバンの水よう液にとけているミョウバンのつぶは，(1)で選んだ方法でとり出すことができますか。

（　　　　）

2 **右の図の2つのビーカーには，それぞれ，食塩水と水のいずれかが入っています。それぞれのビーカーにどちらが入っているかを区別する方法について，次の問いに答えましょう。**

(1) 食塩水が入っているビーカーと水が入っているビーカーを区別するにはどうすればよいですか。ただし，液体を口に入れてはいけません。

（　　　　）

(2) 新たにミョウバンの水よう液を用意しました。このミョウバンの水よう液と水は，(1)の方法で区別することができますか。

（　　　　）

ヒント

1 水よう液の水を蒸発させると，とけているものをとり出すことができます。
2 (1)食塩水には食塩がとけていますが，水には何もとけていません。

電磁石

月　日
かかった時間
分

電磁石について，言葉や記号をなぞりましょう。

電磁石のつくり方

導線 を同じ方向に巻いて コイル をつくり，コイルに 鉄心 を入れると 電磁石 ができる。電磁石は，コイルに電流が流れている間だけ，磁石の性質をもつ。

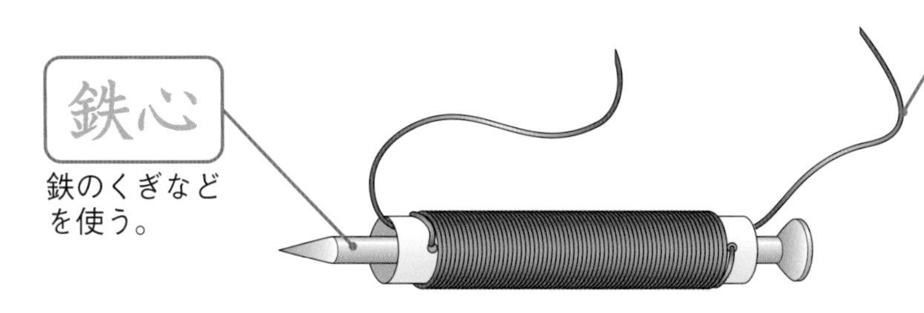

エナメル線を使うときは，エナメル線のはしのエナメルを紙やすりでけずって使うよ。

チャレンジ！

磁石になっていれば○，なっていなければ×をかこう。

電流が流れているとき 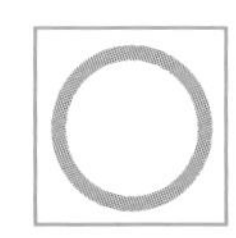

電流が流れていないとき 

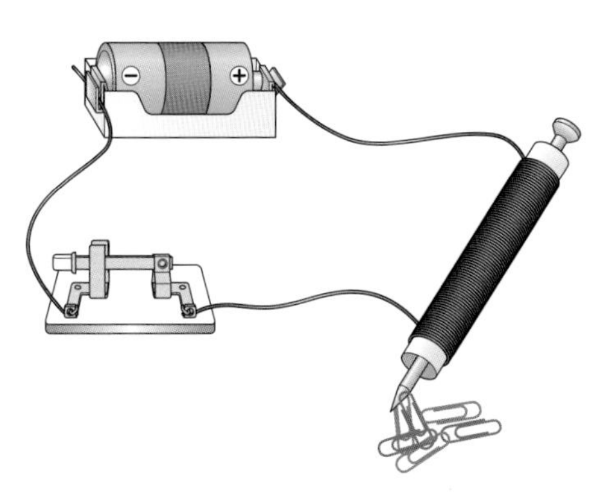

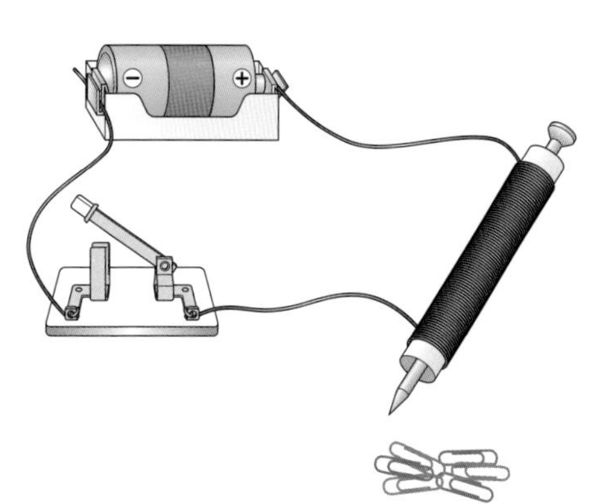

1 右の図を見て，次の問いに答えましょう。

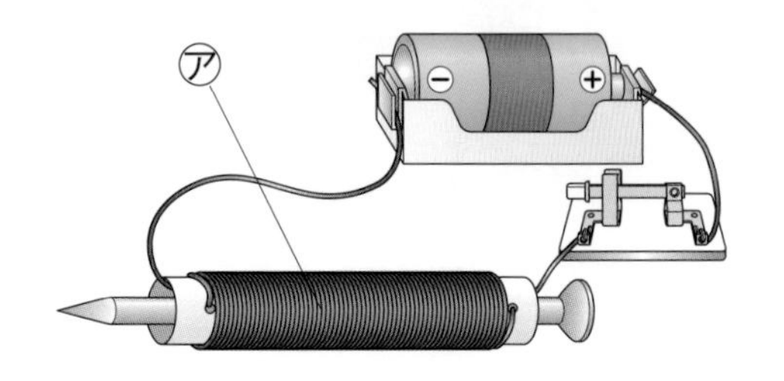

(1) 同じ方向にエナメル線を巻いてつくったⓐを，何といいますか。

(　　　　　　　　)

(2) ⓐに鉄心を入れて電流を流すと磁石になります。これを何といいますか。

(　　　　　　　　)

(3) 図のような回路をつくるとき，電流を流すためにエナメル線をどのようにしますか。**ア**，**イ**から選びましょう。

(　　　　)

ア エナメル線のはしのエナメルを紙やすりでけずる。
イ エナメル線の全体のエナメルを紙やすりでけずる。

(4) 図のようにスイッチを入れて，ⓐに電流を流したとき，鉄のゼムクリップは鉄心につきますか。

(　　　　　　　　)

(5) (4)の後，スイッチを切って，ⓐに流れる電流を止めたとき，鉄のゼムクリップは鉄心につきますか。

(　　　　　　　　)

(6) ⓐに鉄心を入れたものは，どのようなときに磁石の性質をもちますか。

(　　　　　　　　　　　　　　　　　　　　)

ヒント (3)エナメルは電気を通さないので，回路につなぐ前に，回路につなぐ部分だけエナメルをけずりとります。

電磁石のN極とS極

月　日
かかった時間
分

電磁石(でんじしゃく)のつくりについて，言葉や図をなぞりましょう。

電磁石のN極とS極

電磁石には，U字形磁石や棒(ぼう)磁石と同じように，［N極(エヌきょく)］と［S極(エスきょく)］がある。電磁石に流れる電流の向きを［反対］にすると，電磁石のN極とS極も［反対］になる。

チャレンジ！

❶図1と図2の回路に流れる電流の向きの矢印をなぞろう。
❷方位磁針(じしん)のN極を黒くぬりつぶそう。

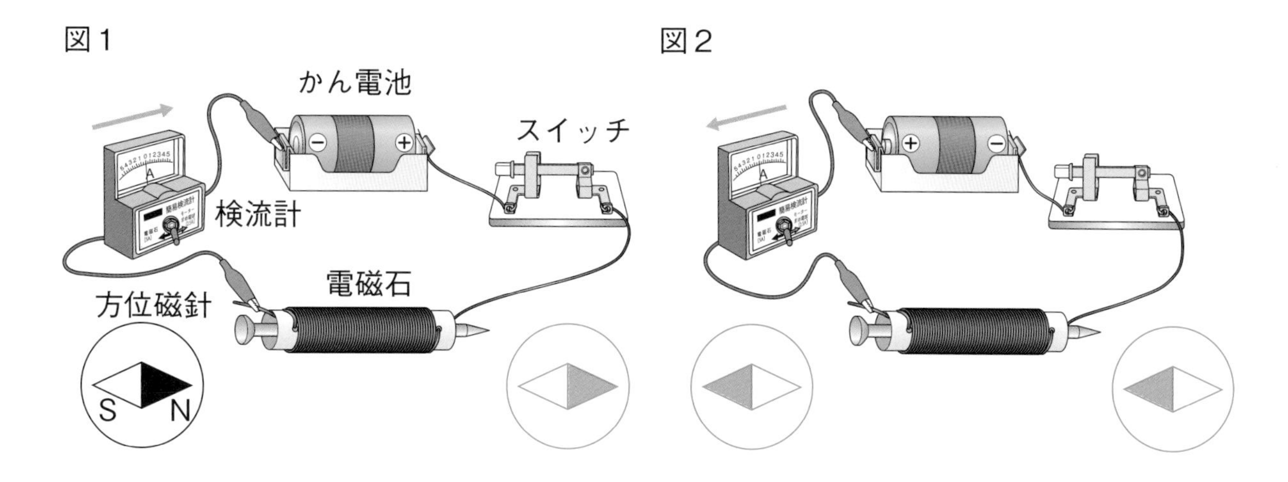

方位磁針を使って，電磁石のN極とS極を確かめよう。
方位磁針のN極がさす向きは，磁石のS極だったね。

1 右の図を見て，次の問いに答えましょう。

検流計　かん電池　スイッチ　電磁石　S　N　方位磁針　㋐　㋑　S　N

(1)　電磁石のN極は，図の㋐，㋑のどちらですか。

（　　　　　）

(2)　電磁石を動かないようにおさえたまま，棒磁石のS極を㋑に近づけていくと，棒磁石はどうなりますか。次の**ア**，**イ**から選びましょう。

（　　　　　）

ア　電磁石と引き合うように動く。

イ　電磁石としりぞけ合うように動く。

(3)　次のあ，いのようにしたとき，電磁石のN極とS極はどうなりますか。それぞれあとの**ア～ウ**から選びましょう。

あ　かん電池の＋（プラス）極と－（マイナス）極を逆向きにする。　（　　　　　）

い　スイッチを切る。　（　　　　　）

ア　反対になる。　**イ**　変わらない。　**ウ**　N極とS極はなくなる。

2 下の図のAの電磁石の右側に方位磁針を置くと，方位磁針のN極は右の方向をさしました。次に，スイッチ，かん電池，電磁石をあ，いのようにすると，N極になったものが1つだけありました。それは，㋐～㋓のどれですか。

（　　　　　）

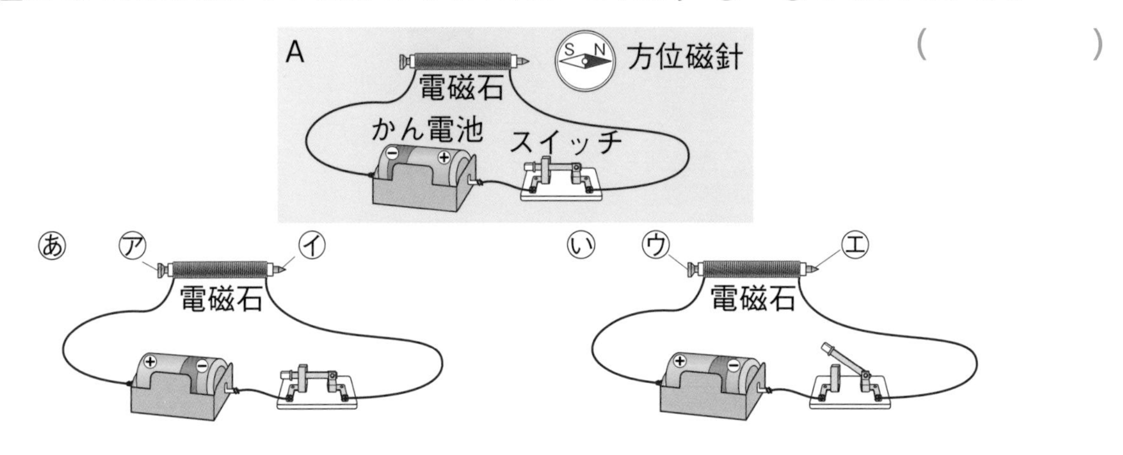

ヒント
1 (1)方位磁針のN極がさす向きは磁石のS極，S極がさす向きは磁石のN極です。
2 電磁石は，電流が流れている間だけ電磁石としてのはたらきをもちます。

電流計の使い方

月　日
かかった時間
分

電流計の使い方と単位について，記号や図，数字をなぞりましょう。

電流計の使い方

回路を流れる電流の大きさは，A（アンペア）という単位で表す。1A＝1000mA

チャレンジ！
右の図の導線（どうせん）をなぞって，回路を完成させよう。

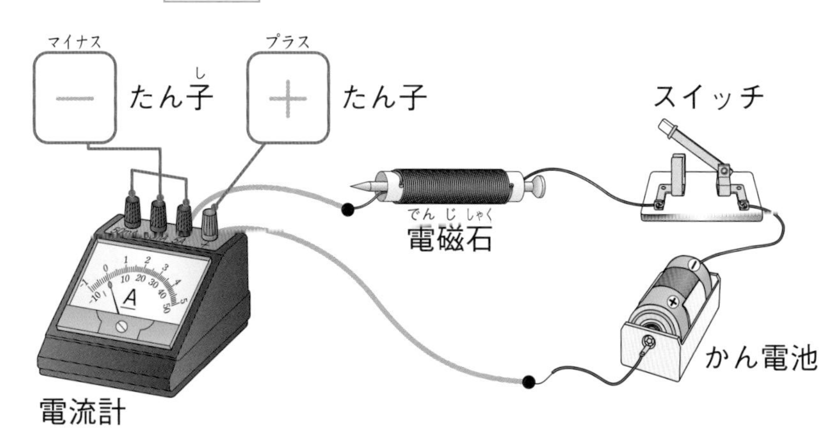

回路に流れる電流を調べるとき，最初は 5A の－たん子につなぎ，はりのふれが小さいときには，500mA，50mA の順につなぎかえる。

電流計の目盛りの読み方

－たん子	電流の大きさ
5A	3.5A
500mA	350mA
50mA	35mA

チャレンジ！
数字をなぞって，表を完成させよう。

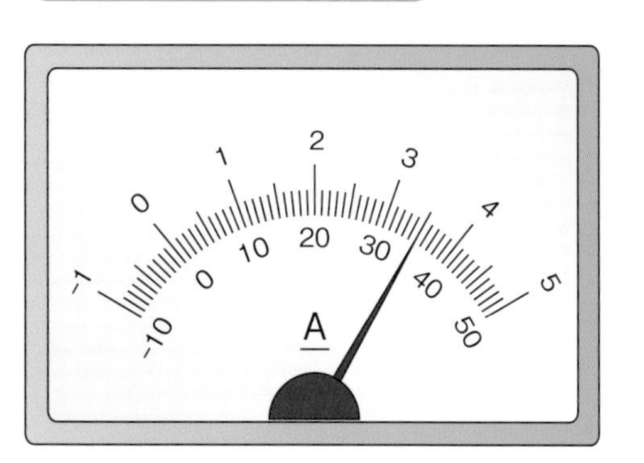

1 右の図を見て，次の問いに答えましょう。

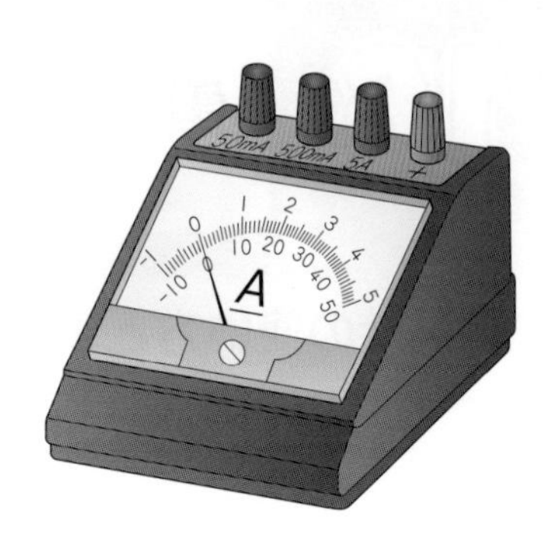

(1) 電流計を使うと，何を調べることができますか。

( )

(2) かん電池の＋極につながっている導線は，電流計の＋たん子につなぎますか，－たん子につなぎますか。 ( )

(3) 電流計に導線をつなぐとき，最初はどの－たん子につなぎますか。**ア～ウ**から選びましょう。

( )

ア 5Aの－たん子　**イ** 50mAの－たん子　**ウ** 500mAの－たん子

(4) (3)で選んだ－たん子につないだときに電流計のはりのふれが小さい場合，次にどの－たん子につなげばよいですか。(3)の**ア～ウ**から選びましょう。

( )

(5) 40mAの電流の大きさをAの単位を使って表すと，何Aですか。

( )

2 右の図は，回路につないだ電流計のはりのようすです。次の問いに答えましょう。

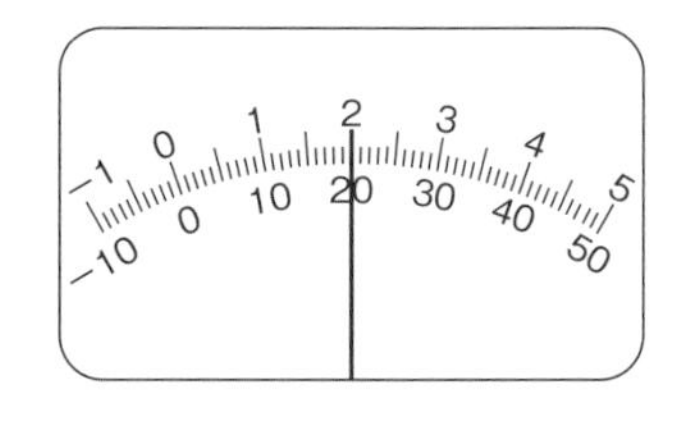

(1) 5Aの－たん子につないでいるとき，図のはりがさす電流の大きさは何Aですか。

( )

(2) 500mAの－たん子につないでいるとき，図のはりがさす電流の大きさは何mAですか。

( )

ヒント
1(5)1A＝1000mAです。
2(2)500mAの－たん子の目盛りは上に書いている5を500として読みます。

電流の大きさと電磁石の強さ

月　日

かかった時間

分

電流の大きさと電磁石の強さについて，言葉や数字をなぞりましょう。

電流の大きさと電磁石の強さ

電磁石に流れる電流の大きさを 大きく すると，電磁石は 強く なる。

チャレンジ！
表の数字や文字をなぞって，表を完成させよう。

同じ巻き数の電磁石に流れる電流の大きさを変えて，電磁石の強さを比べる。

電磁石をゼムクリップに近づけて，いくつつりあげられるか比べてみよう。

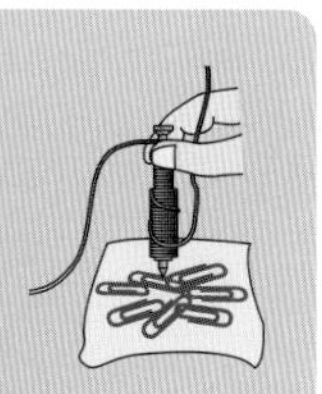

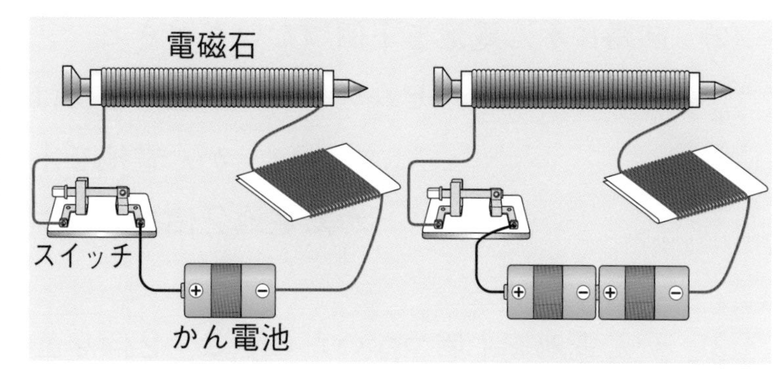

かん電池		1個をつなぐ	2個を直列につなぐ
流れる電流の大きさ		0.9A	1.9A
つりあげたゼムクリップの数	1回目	8個	20個
	2回目	7個	18個
	3回目	9個	19個
	平均	8個	19個

回路に流れる電流の大きさを大きくすると，

つりあげるゼムクリップの数が 多く なる。➡ 電磁石は強くなる。

1 電磁石に流れる電流の大きさだけを変えて，つりあげられるゼムクリップの数を比べました。左下の図は回路にかん電池を１個つないだときのもので，右下の表は，つりあげたゼムクリップの数を３回調べた結果をまとめたものです。

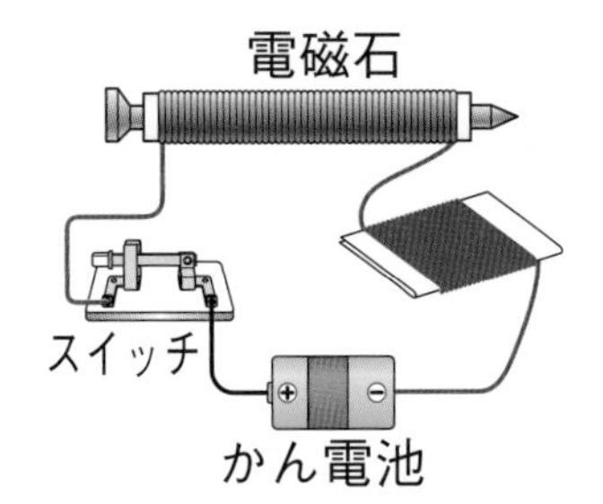

かん電池のつなぎ方		１個をつなぐ	2個を直列につなぐ
流れた電流の大きさ		1.2A	2.2A
コイルの巻き数		50回	㋐
つりあげたゼムクリップの数	１回目	8個	21個
	2回目	7個	19個
	3回目	9個	20個

(1) 表の㋐にあてはまるコイルの巻き数の条件（じょうけん）を書きましょう。

（　　　　　）

(2) 回路にかん電池を１個つないだときと，２個を直列つなぎにしたときの電磁石がつりあげたゼムクリップの数の平均（へいきん）はそれぞれ何個ですか。

かん電池を１個つないだとき（　　　　　）

かん電池２個を直列つなぎにしたとき（　　　　　）

(3) かん電池を１個つないだときと，２個を直列つなぎにしたときの電磁石の強さについて，次の文の（　　）にあてはまる言葉を書きましょう。

> かん電池を１個つないだときよりも，かん電池２個を直列つなぎにしたときのほうが，回路に流れる電流の大きさが①（　　　　　）ため，電磁石の強さは②（　　　　　）。

(4) かん電池２個を並列（へいれつ）つなぎにした回路に電磁石をつないで，同じように実験をすると，つりあげられるゼムクリップの数の平均はいくつくらいになると予想できますか。**ア～ウ**から選びましょう。

（　　　）

ア　８個くらい　　**イ**　20個くらい　　**ウ**　30個くらい

ヒント　つりあげたゼムクリップの数が多いほど，電磁石が鉄を引きつける強さは強くなったといえます。

コイルの巻き数と電磁石の強さ

月　日
かかった時間
分

コイルの巻き数と電磁石の強さについて，言葉や数字をなぞりましょう。

コイルの巻き数と電磁石の強さ

コイルの巻き数を 多く すると，電磁石は 強く なる。

チャレンジ！
数字や文字をなぞって，表を完成させよう。

コイルの巻き数を変えた電磁石に，同じ大きさの電流を流したときの電磁石の強さを比べる。

電流の大きさ		1.3A	1.3A
コイルの巻き数		100回	200回
つりあげたゼムクリップの数	1回目	11個	17個
	2回目	12個	18個
	3回目	10個	16個
	平均	11個	17個

コイルの巻き数を多くすると，

つりあげるゼムクリップの数が 多く なる。

➡ 電磁石は 強く なる。

余った導線は切らずに，紙に巻くなどして，導線の全体の長さを同じにして調べよう。

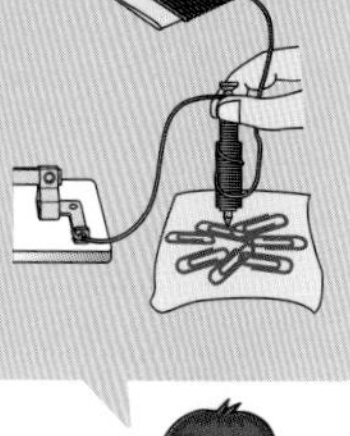

1 **コイルの巻き数が200回の電磁石を使って右の図のような回路をつくり，電磁石の強さを調べました。次に，コイルの巻き数が100回の電磁石に変えて回路をつくり，電磁石の強さを調べることにしました。次の問いに答えましょう。**

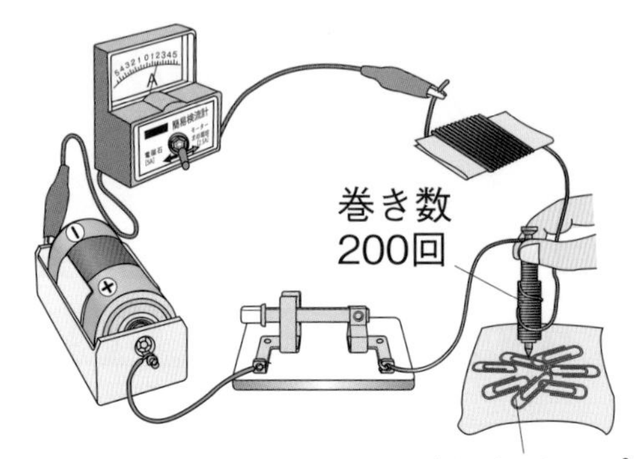

(1)　この実験で，コイルの巻き数が100回の電磁石の強さを調べるときの方法として，正しいものには○を，まちがっているものには×をつけましょう。

①(　　　)回路につなぐかん電池の個数は，巻き数が200回の電磁石を調べたときとそろえる。

②(　　　)余っている導線は，じゃまになるので切っておく。

③(　　　)コイルをつなぐ向きは，巻き数が200回の電磁石を調べたときとそろえなくてよい。

(2)　コイルの巻き数が200回の電磁石を使ってつくった回路に流れる電流の大きさは，巻き数が100回の電磁石を使ってつくった回路に流れる電流の大きさと比べてどのようになりますか。**ア**～**ウ**から選びましょう。

(　　　)

ア　大きくなる。　　**イ**　小さくなる。

ウ　どちらの電磁石を使っても変わらない。

(3)　つりあげたゼムクリップの数が多いのは，コイルの巻き数が100回と200回のどちらの電磁石を使ったときですか。

(　　　　　)

(4)　(3)から，コイルの巻き数が多くなると，電磁石の強さはどうなりますか。

(　　　　　)

ヒント　(2)コイルの巻き数を変えても，回路に流れる電流の大きさは変わりません。

どの電磁石が強いか

月　日
かかった時間
分

●さまざまな電磁石の強さについて，言葉や記号をなぞりましょう。

強い電磁石をつくる

電磁石の強さは，電磁石に流れる 電流の大きさ が 大きく なるほど強く，コイルの巻き数 が 多く なるほど強くなる。

チャレンジ！

電磁石が最も強いものを考えよう。

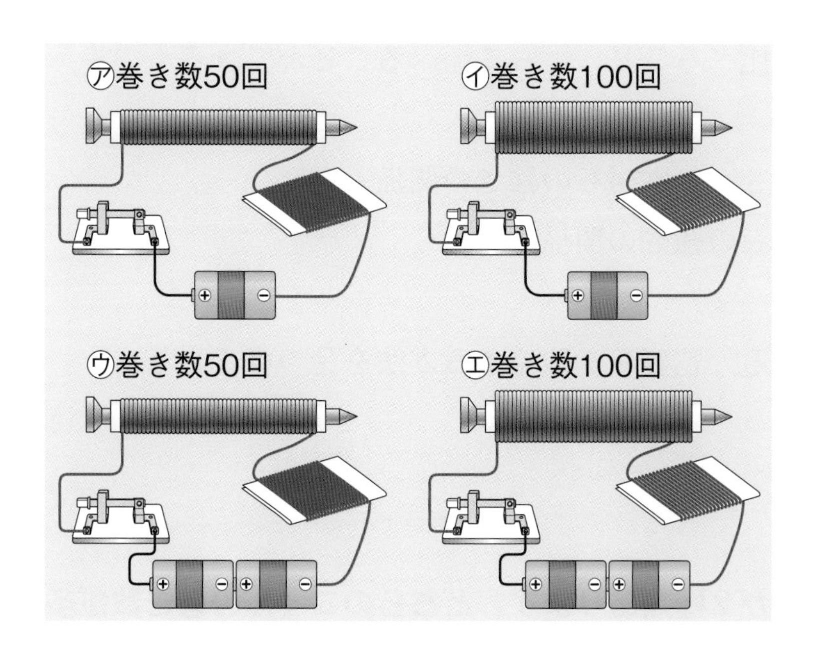

かん電池の数，つなぎ方，コイルの巻き数はどうなっているかな。

かん電池を１個つないだときより，２個を直列つなぎにしたときのほうが 大きな 電流が流れ，巻き数は50回より100回のほうが 多い ので  ㋓ の電磁石が最も強い。

1 下の図の㋐〜㋒の電磁石の強さを比べました。あとの問いに答えましょう。

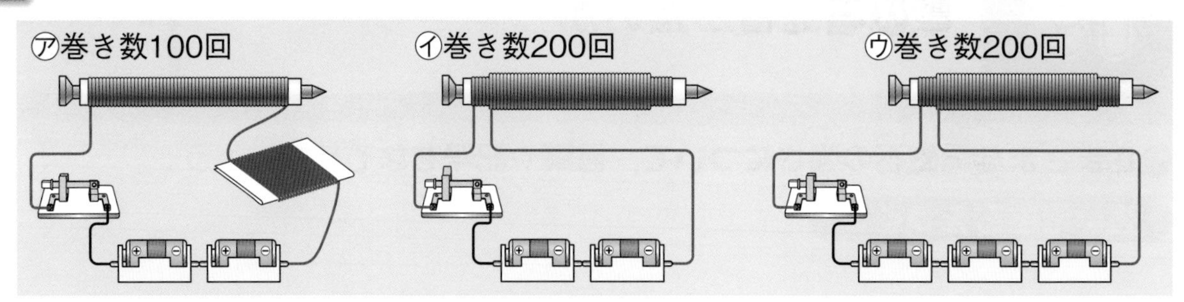

(1) 最も強い電磁石は㋐〜㋒のどれですか。

(　　　　)

(2) ゼムクリップを近づけたとき，つりあげることができるゼムクリップの数が多い順に㋐〜㋒の電磁石を並べましょう。

(　　　→　　　→　　　)

(3) ㋐と㋑の電磁石の強さを比べることによって調べることができるものを，**ア**，**イ**から選びましょう。(　　　　)

ア　回路に流れる電流の大きさと電磁石の強さの関係

イ　コイルの巻き数と電磁石の強さの関係

(4) この実験の結果からわかる，電磁石を強くする方法を2つ書きましょう。

(　　　　　　　　　　　　　　　　)

(　　　　　　　　　　　　　　　　)

2 巻き数のわからないコイルが2種類あります。どちらのコイルの巻き数が多いかを調べるにはどうすればよいですか。次の文の(　　)にあてはまる言葉を書きましょう。

> 大きさが①(　　　　)電流を流したときに，つりあげたゼムクリップの数が②(　　　　)電磁石のほうがコイルの巻き数が多いとわかる。

ヒント　電磁石の強さは，コイルの巻き数と電磁石に流れる電流の大きさによって変わります。

電磁石を使ったおもちゃ

月　日
かかった時間
分

電磁石を使ったおもちゃについて，言葉をなぞりましょう。

鉄の空きかん拾い機

電磁石の，電流が流れているときだけ 磁石 になるという性質を利用すると，鉄の空きかんを拾って，ごみぶくろに入れることができる。

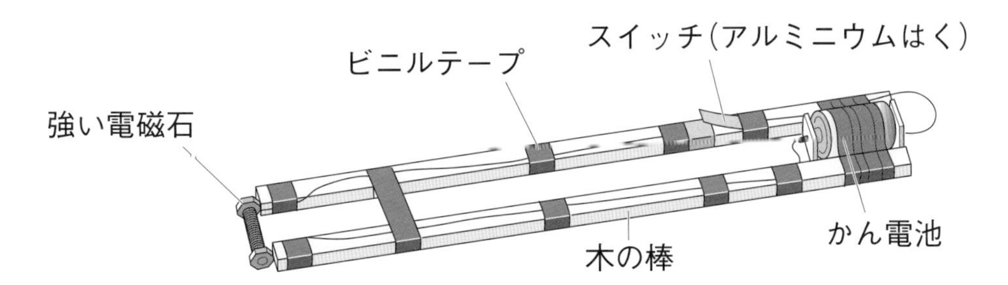

磁石を使うと，かんを拾うことはできるけど，はなすことができないね。

多くのかんを持ち上げるには，流れる電流の大きさを 大きく して，コイルの巻き数を 多く すればよい。

ひらひらとぶチョウのおもちゃ

チョウに磁石を，電磁石と同じ極どうしが向かい合うようにしてつけて，電磁石に電流を流すと，磁石のついたチョウがひらひら動く。

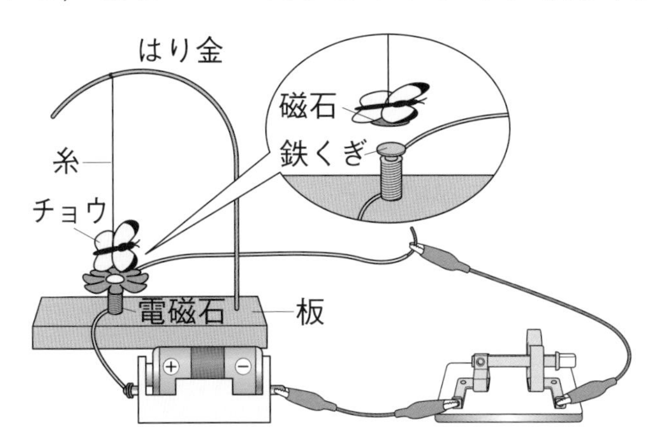

同じ極どうしが向かい合うと，しりぞけ合うからひらひら動くんだね。

1 下の図は，電磁石を使った鉄の空きかん拾い機です。あとの問いに答えましょう。

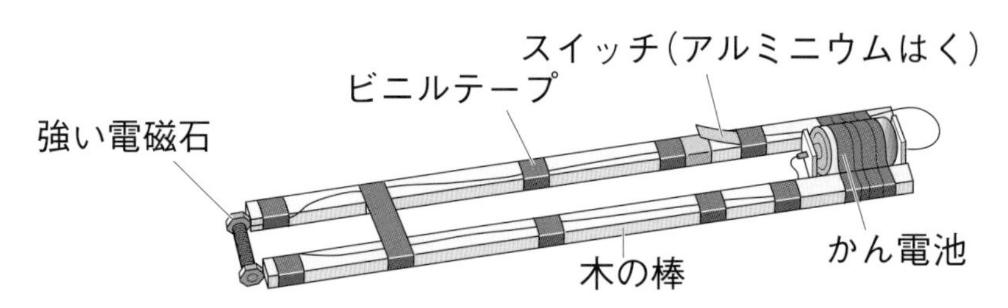

(1) この空きかん拾い機で，アルミニウムでできた空きかんを拾うことはできますか。　(　　　　　)

(2) 空きかん拾い機の性質について，次の文の(　　)にあてはまる言葉を書きましょう。

> 電流が①(　　　　　　　)ときは磁石になって鉄の空きかんを引きつけ，電流が②(　　　　　　　)ときは鉄の空きかんをはなす性質がある。

(3) さらに多くの空きかんを拾う方法として，正しいものには○を，まちがっているものには×をつけましょう。

①(　　　)かん電池の数を増やす。

②(　　　)かん電池の向きを逆にする。

③(　　　)コイルの巻(ま)き数を増やす。

2 右の図は，電磁石と磁石を使ってつくったおもちゃです。回路に電流が流れると，チョウがひらひらと動きました。このとき，電磁石と磁石は同じ極どうしが向かい合うようにつければよいですか。ちがう極どうしが向かい合うようにつければよいですか。

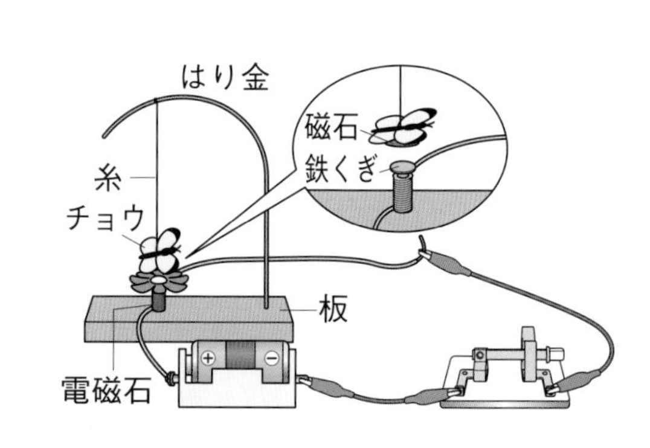

(　　　　　　　　　　　　　　　　　　)

ヒント 1 鉄は磁石に引きつけられますが，アルミニウムは引きつけられません。電磁石は，電流が流れているときだけ磁石のはたらきをもつようになります。

もののもえ方と空気

月　日
かかった時間
分

●ものの燃え方について，言葉や図，記号をなぞりましょう。

ものの燃え方

空気 が入れかわることで，ものは 燃え続ける ことができる。

空気の動き方

チャレンジ！
矢印をなぞって空気の動きをかこう。

けむりはびんの下から上へ動いて，ろうそくは燃え続けた。

けむりはびんの中に入って出ていき，ろうそくは燃え続けた。

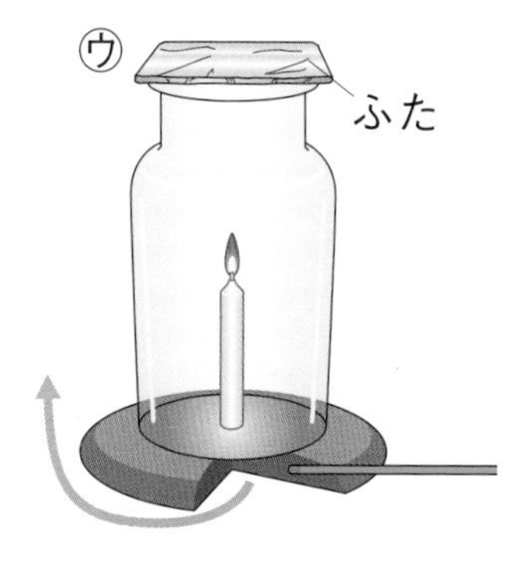

けむりは，びんの中に入らず，火はやがて消えた。

㋐と㋑を比べると，空気が 下 から入って 上 に出ていく ㋐ のろうそくのほうがよく燃えた。

身のまわりの明かり

火を明かりとして利用しているちょうちんやランタンなどの道具にも，必ず空気の通り道がある。

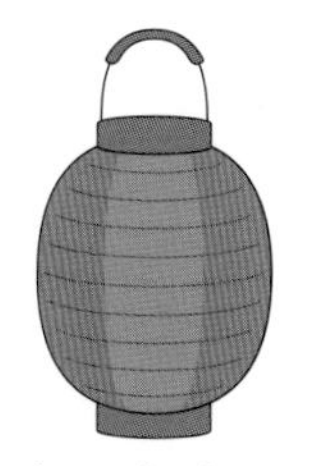
ちょうちん

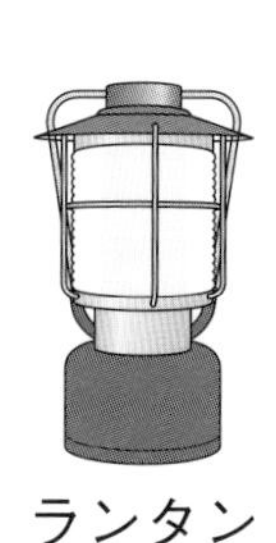
ランタン

1 右の図を見て，次の問いに答えましょう。

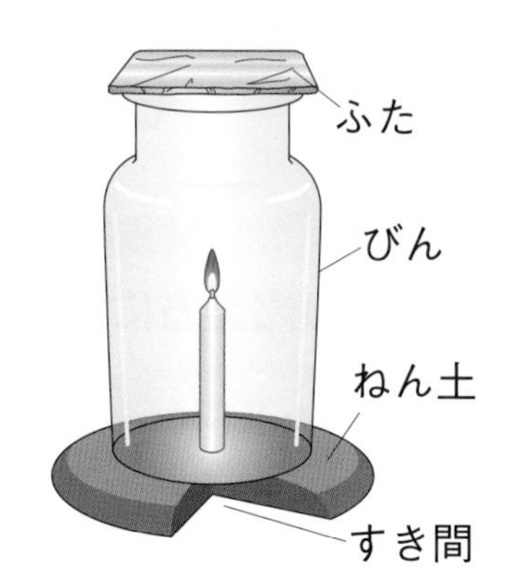

(1) すき間に線こうを近づけたときの，線香のけむりの動き方を，**ア**，**イ**から選びましょう。

（　　　）

ア 線こうのけむりはびんの中に入っていく。

イ 線こうのけむりはびんの中に入っていかない。

(2) 図のびんの中のろうそくの火は，しばらくすると消えました。それはなぜですか。次の文の（　　）にあてはまる言葉を書きましょう。

びんの中の（　　　　　　　）が入れかわっていないため。

(3) ねん土でびんの底のすき間をうめて同じように実験すると，ろうそくの火はどうなりますか。**ア**，**イ**から選びましょう。

（　　　）

ア 火は消える。　　**イ** 火は燃え続ける。

(4) 図のびんはそのままにして，ろうそくの火が燃え続けるようにするには，どのようなくふうをすればよいですか。

（　　　　　　　）

(5) まきに火をつけたときに，まきがよく燃えるようにするには，まきをどのように組めばよいですか。よく燃えるほうを，次の㋐，㋑から選びましょう。

（　　　）

㋐

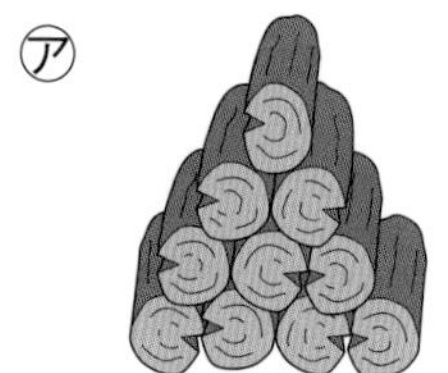

㋑

ヒント (2)(3)(4)びんの中でものが燃え続けるためには，びんの中の空気が，新しい空気と入れかわる必要があります。

ものを燃やす気体

月　日
かかった時間
分

空気の成分とものを燃やす気体について，言葉をなぞりましょう。

空気の成分　空気は，ちっ素や酸素，二酸化炭素などの気体が混ざってできている。

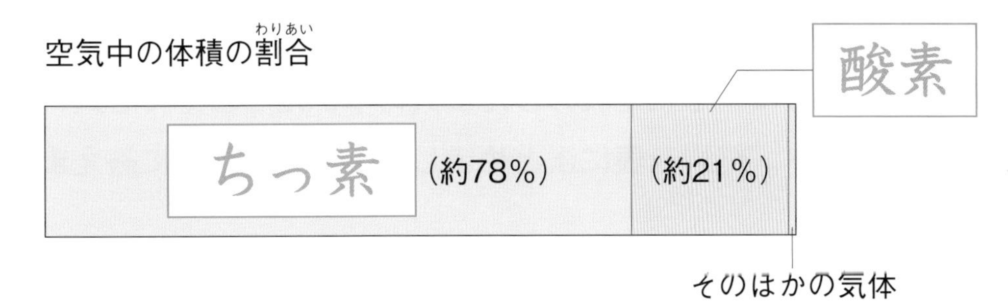

ものを燃やすはたらきのある気体

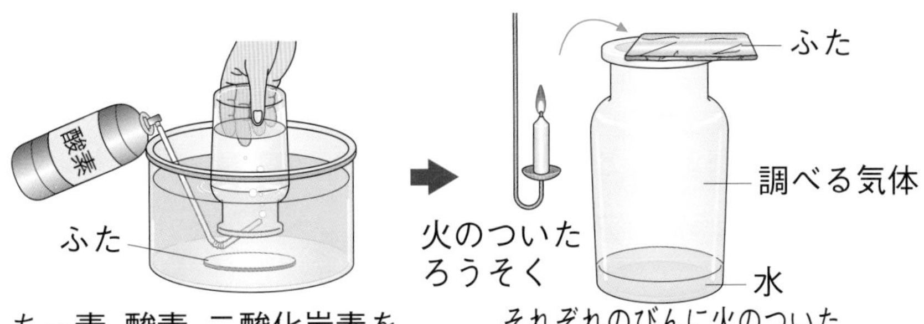

ちっ素，酸素，二酸化炭素をそれぞれ別のびんに集める。

それぞれのびんに火のついたろうそくを入れて，ようすを比べる。

チャレンジ！
下の表の文字をなぞって，表を完成させよう。

びんに入れた気体	ろうそくのようす
ちっ素	火はすぐに消えた。
酸素	ほのおが明るく燃えた後，消えた。
二酸化炭素	火はすぐに消えた。

酸素には，ものを燃やすはたらきがある。

ちっ素や二酸化炭素には，ものを燃やすはたらきがない。

1 右の図は，空気中にふくまれる気体の体積の割合を表したものです。図の㋐，㋑の気体は何ですか。

㋐（約78％）　㋑（約21％）　そのほかの気体

㋐（　　　　　　）

㋑（　　　　　　）

2 3つのびんを用意し，それぞれにちっ素，酸素，二酸化炭素を集めました。次に，下の図のように，それぞれのびんに火のついたろうそくを入れて，ろうそくの燃え方を調べ，結果を表にまとめました。あとの問いに答えましょう。

びんに入れた気体	ろうそくのようす
ちっ素	㋐
酸素	ほのおが明るく燃えた後，消えた。
二酸化炭素	火はすぐに消えた。

(1) 右の図のような方法で気体を集めるとき，どのようなことに注意すればよいですか。**ア〜ウ**から選びましょう。

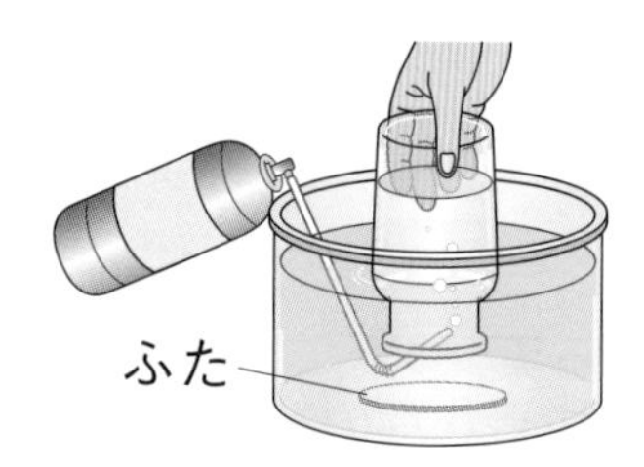

（　　　　）

ア　気体を集める前のびんには，空気と水を半分ずつ入れておく。

イ　気体を集める前のびんは，水で満たしておく。

ウ　びんにふたをするときは，びんを水から出してからふたをする。

(2) 表の㋐にあてはまる言葉は何ですか。

（　　　　　　　　　　　　）

(3) 表から，酸素にはどのようなはたらきがあることがわかりますか。

（　　　　　　　　　　　　　　　　　　　）

ヒント
1 空気中にふくまれている二酸化炭素の割合は，1％未満です。
2 ちっ素や二酸化炭素には，ものを燃やすはたらきがありません。

気体検知管の使い方

月　日
かかった時間
分

気体検知管の使い方について，言葉や数字をなぞりましょう。

気体検知管の使い方　色の変化で，とりこんだ気体にふくまれる酸素(さんそ)や二酸化炭素(にさんかたんそ)の体積の割合(わりあい)を調べることができる。

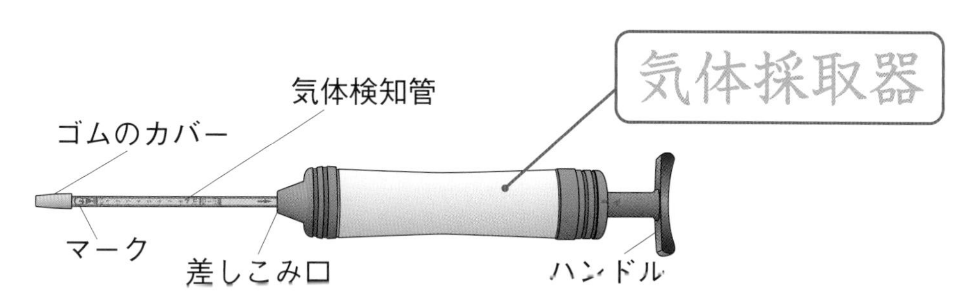

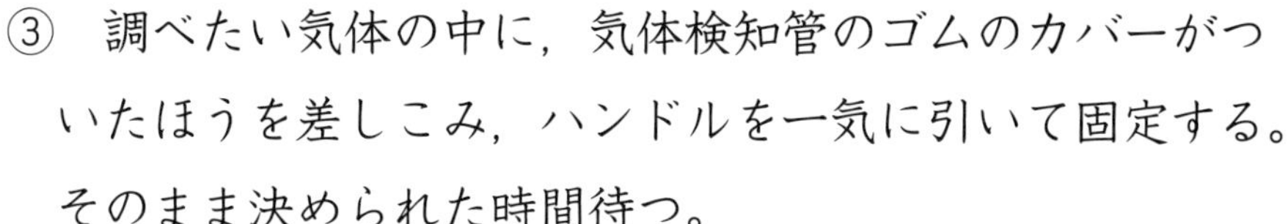

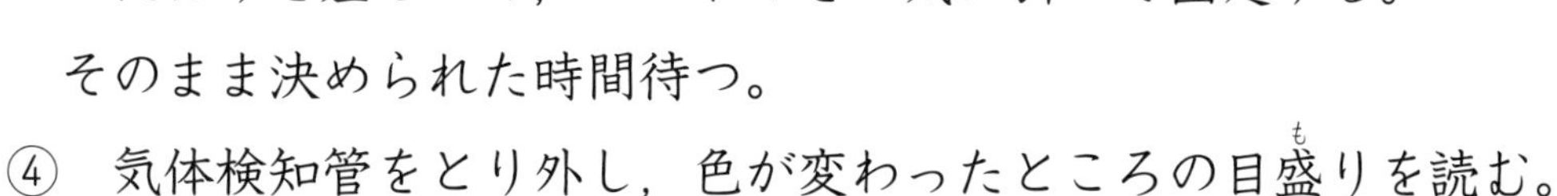

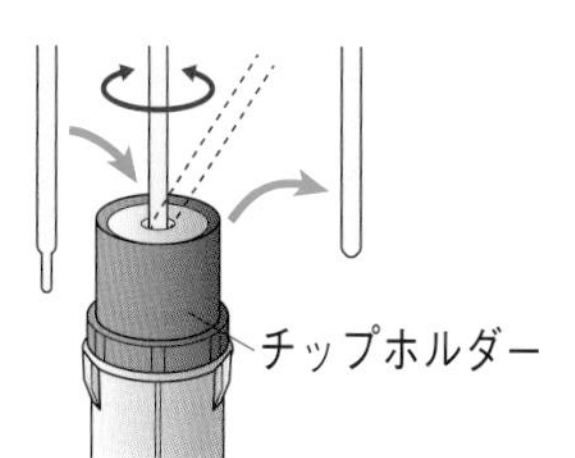

① 気体検知管の両はしをチップホルダーで折り，矢印のないほうのはしに，ゴムのカバーをつける。

② 気体検知管の矢印を気体採取器に向け，差しこむ。

③ 調べたい気体の中に，気体検知管のゴムのカバーがついたほうを差しこみ，ハンドルを一気に引いて固定する。そのまま決められた時間待つ。

④ 気体検知管をとり外し，色が変わったところの目盛(も)りを読む。

気体検知管の目盛りの読みとり方

酸素や二酸化炭素の体積の割合は，気体検知管の色が変化しているところの目盛りを読む。

チャレンジ！
下の表の数字をなぞって表を完成させよう。

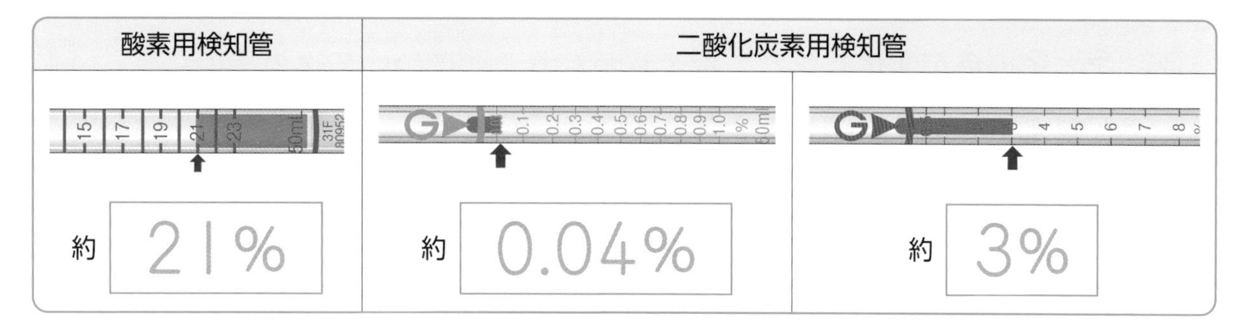

酸素用検知管	二酸化炭素用検知管	
約 21%	約 0.04%	約 3%

ななめに色が変わっているときは，その中間の目盛りを読みとろう。

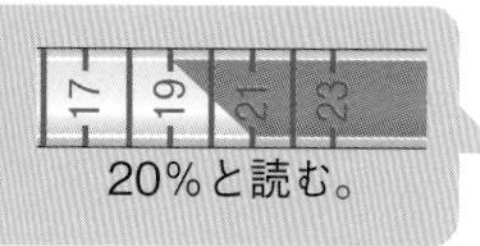

1 下の図の器具について，あとの問いに答えましょう。

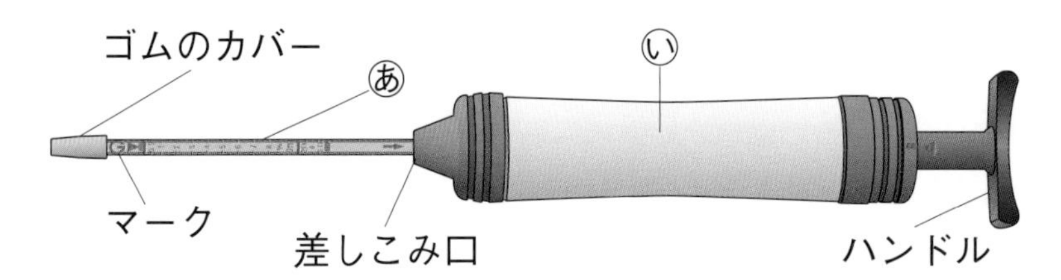

(1) 図のⓘを何といいますか。

（　　　　　　　　）

(2) 図の器具は，酸素や二酸化炭素の何を調べるときに使いますか。

（　　　　　　　　）

(3) ⓐをⓘに差しこむときにすることを，**ア**，**イ**から選びましょう。

（　　　）

ア　ⓐのマークがついているほうのはしを折り，矢印をⓘに向けて差しこむ。
イ　ⓐの両はしを折り，矢印をⓘに向けて差しこむ。

2 ものを燃(も)やす前と後の空気中にふくまれる酸素と二酸化炭素の体積の割合を，右の図のような気体検知管を用いて調べました。次の問いに答えましょう。

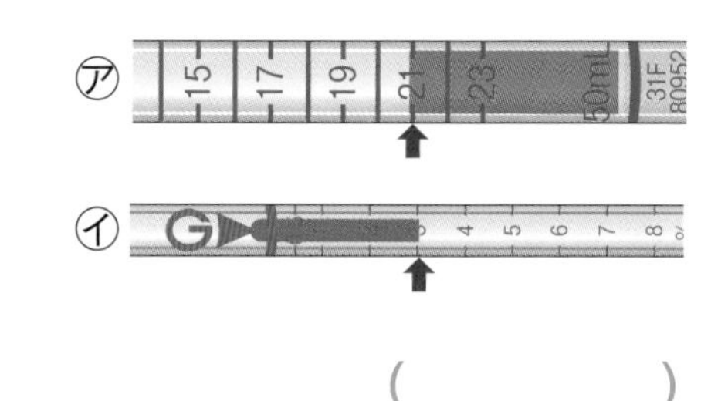

(1) 酸素用検知管は㋐，㋑のどちらですか。（　　　）

(2) ㋐と㋑の色が変化したところからわかることについて次の文の（　　）にあてはまる言葉や数字を書きましょう。

図の㋐から，①（　　　　）が約②（　　　　）%の割合でふくまれていることがわかる。また，図の㋑から，③（　　　　）が約④（　　　　）%の割合でふくまれていることがわかる。

ヒント 2 ㋐と㋑の気体検知管の色が変化したところ（矢印の先）を読みとることで，それぞれの気体の体積の割合を調べることができます。

ものが燃える前後の気体の変化

月　日　かかった時間　分

ものの燃え方について，言葉や数字をなぞりましょう。

ものが燃えるときの気体の変化

ろうそくや木，紙などのものが燃えると，空気にふくまれる 酸素 の一部が使われて， 二酸化炭素 ができる。

ものが燃える前と後の空気の変化

空気の入った集気びんの中でろうそくを燃やして，燃えた後にびんの中に残った酸素と二酸化炭素の割合を調べる。

チャレンジ！
下の表の数字や文字をなぞって，表を完成させよう。

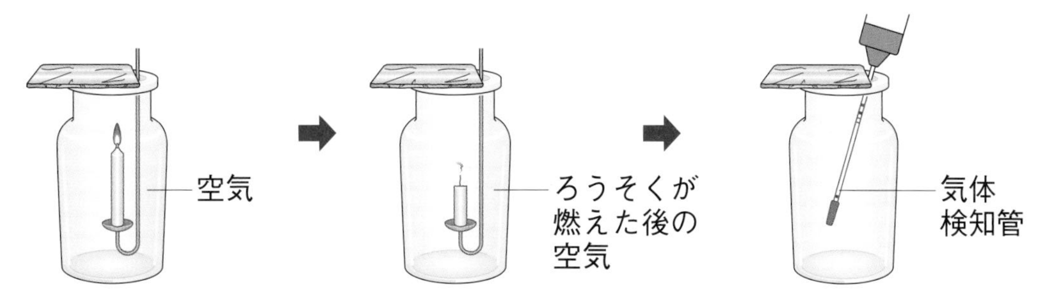

	酸素の体積の割合	二酸化炭素の体積の割合
ろうそくを燃やす前のびん	21%	0.04%
ろうそくを燃やした後のびん	17%	3%
気体の割合の変化	減る	増える

酸素がすべてなくなるわけではないんだね。

1 下の図のように，石灰水(せっかいすい)を入れた集気びん(㋐)の中でろうそくを燃やし，ろうそくの火が消えた後の集気びん(㋑)の中に残った酸素と二酸化炭素の割合を調べました。あとの問いに答えましょう。

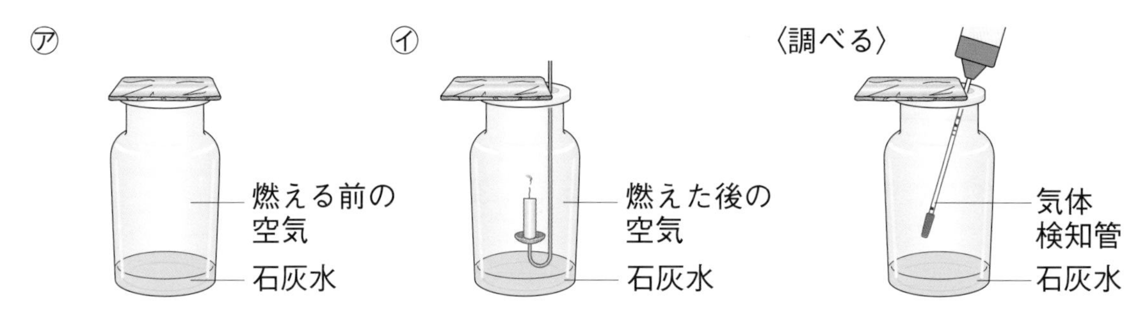

(1) ㋑の集気びんからろうそくを出してふると，石灰水はどうなりますか。

（　　　　　　　　　　　　　　）

(2) 右の表は，酸素と二酸化炭素の割合を調べた結果です。ⓐにあてはまる数値を，**ア**～**ウ**から選びましょう。

（　　　　）

	酸素の体積の割合	二酸化炭素の体積の割合
燃やす前のびん	21％	0.04％
燃やした後のびん	17％	ⓐ

ア　3％　　**イ**　17％　　**ウ**　21％

(3) (2)で完成した表からわかることを**ア**，**イ**から選びましょう。

（　　　　）

ア　ろうそくが燃えると，びんの中の酸素がすべて使われた。
イ　ろうそくが燃えると，びんの中の酸素の一部が使われた。

(4) ろうそくが燃える前と後で，集気びんの中のちっ素(そ)の割合はどうなりますか。

（　　　　　　　　　　　　　　）

(5) ろうそくの火が消えた直後の㋑のびんの中に，もう一度火のついたろうそくを入れると，ろうそくの火はどうなりますか。

（　　　　　　　　　　　　　　）

ヒント　(2)(3)(4)ろうそくなどが燃えるとき，ものを燃やすはたらきをもつ酸素が使われ，二酸化炭素が発生します。

水よう液の実験の注意点

月　日
かかった時間
分

水よう液の実験の注意点について，言葉をなぞりましょう。

薬品を使うとき

薬品が目に入らないように，保護(ほご)めがねをかける。薬品は手でふれたり口に入れたりしない。

水よう液をあつかうとき

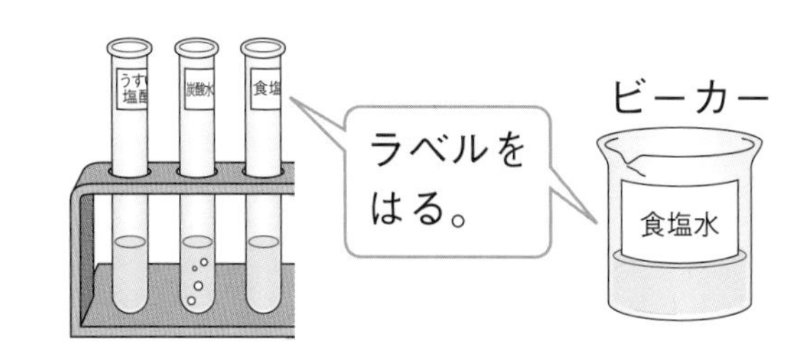

ビーカーや試験管に，水よう液を入れすぎないようにする。また，水よう液を入れた試験管やビーカーにはラベルをはり，何の水よう液が入っているかわかるようにする。

水よう液のにおいをかぐときは，鼻を直接(ちょくせつ)近づけず，手であおいで確(たし)かめる。

水よう液を加熱するとき

加熱中は，水よう液が飛んでくることがあるので，上からのぞきこまない。

実験室はかん気を行う。

実験が終わったら

使い終わった薬品は，勝手に捨(す)てず，決められた容器(ようき)に集める。

1 水よう液の実験をするときの注意点について，次の問いに答えましょう。

(1) 薬品が目に入らないように，実験中につけるⓐを何といいますか。

（　　　　　　　　　　）

(2) 水よう液や薬品をあつかうときや，水よう液を加熱するときの注意点として，正しいものには○を，まちがっているものには×をつけましょう。

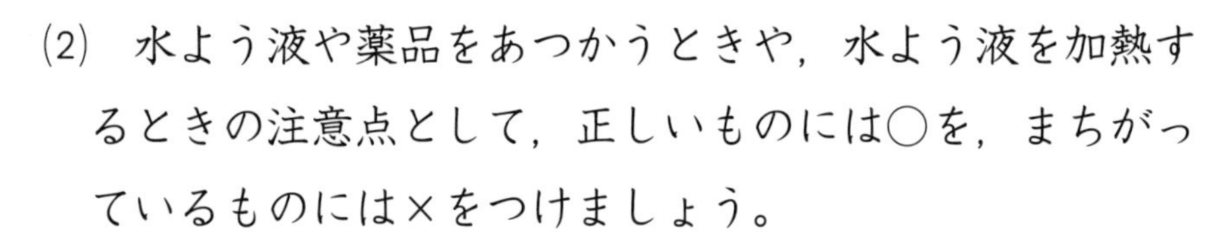

①（　　　）ビーカーには，入る分だけ水よう液を入れてもよい。

②（　　　）水よう液を加熱しているときは，上からのぞきこまない。

③（　　　）水よう液を加熱するときは，窓を閉めて，外の空気が入ってこないようにしておく。

④（　　　）薬品が手についたときは，すぐに水で洗って先生に知らせる。

(3) 水よう液のにおいは，どのようにして確かめればよいですか。

（　　　　　　　　　　　　　　　　　　　　）

(4) 使い終わった器具や薬品を片づける方法として，正しいものには○，まちがっているものには×をつけましょう。

①（　　　）

使い終わった薬品は，
決められた容器に集める。

②（　　　）

使った器具などは，
よく洗ってから片づける。

ヒント (2)(3)有毒な気体が発生する液体もあるため，鼻を直接近づけてにおいをかいではいけません。また，実験をするときはかん気をしましょう。

水よう液にとけているもの

月　日
かかった時間
分

水よう液について言葉をなぞりましょう。

さまざまな水よう液

水よう液を区別するには，見た目や，においを調べたり，水が蒸発した後に残ったもののようすを調べたりする方法がある。

水よう液	食塩水	アンモニア水	塩酸	炭酸水
見た目	とうめい	とうめい	とうめい	とうめい あわが出ている
におい	ない	ある	ある	ない
水が蒸発した後に残ったもの	白い固体が残った	何も残らなかった	何も残らなかった	何も残らなかった

炭酸水にとけているもの

炭酸水に石灰水を入れてふると白くにごることや，炭酸水から出てくるあわを集めて，火のついた線こうを入れると，線こうの火が消えることから，炭酸水には二酸化炭素がとけていると考えられる。

炭酸水のような，気体がとけてできた水よう液には，アンモニア水や塩酸があるね。一方で，食塩水やミョウバンの水よう液は，固体がとけてできた水よう液だね。

1 右の図の４つの試験管㋐〜㋓には，食塩水，アンモニア水，塩酸，炭酸水のどれかが入っています。水よう液のにおいをそれぞれ調べると，㋐と㋓の試験管から，つんとしたにおいがしました。㋓には塩酸が入っているとき，次の問いに答えましょう。ただし，同じ水よう液が入った試験管はありません。

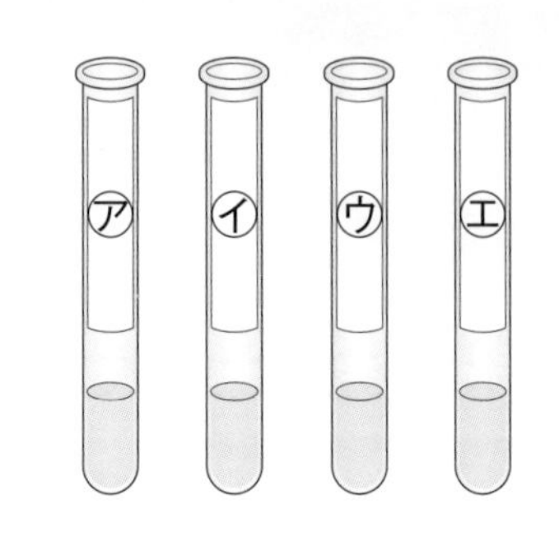

(1) ㋐の試験管に入っている水よう液は何ですか。

(　　　　　　　　)

(2) 食塩水を入れた試験管がどれかを調べるには，どうすればよいですか。次の文の(　　　)にあてはまる言葉を書きましょう。

> 試験管の水よう液の一部をとって水を①(　　　　　)させたときに，②(　　　　　　　　)水よう液が食塩水である。

(3) 炭酸水を入れた試験管がどれかを調べる方法を，**ア**，**イ**から選びましょう。

(　　　　)

ア 石灰水を入れてふり混(ま)ぜたときのようすを調べる。

イ 水よう液の色を調べる。

(4) 炭酸水にとけているものは何ですか。

(　　　　　　　　)

(5) (3)の方法で炭酸水が入っている試験管を調べると，㋒だとわかりました。このとき，㋑の試験管に入っている水よう液は何ですか。

(　　　　　　)

ヒント (2)水よう液には，気体がとけているものと固体がとけているものがあります。
(5)においがない水よう液のうち，炭酸水以外の水よう液とわかります。

水よう液の性質を調べる薬品

月　日　かかった時間　分

水よう液の性質（せいしつ）を調べることのできる道具について，言葉をなぞりましょう。

リトマス紙の性質

水よう液をつけた リトマス紙 の色の変化から，

水よう液を 酸性（さんせい），中性（ちゅうせい），アルカリ性（せい）

の3つの性質に区別することができる。

	酸性の水よう液	中性の水よう液	アルカリ性の水よう液
赤色リトマス紙	変化しない	変化しない	青色に変わる
青色リトマス紙	赤色に変わる	変化しない	変化しない

ムラサキキャベツの液の性質

ムラサキキャベツ を水といっしょににたり，もみだしたりして出たしるを使っても，リトマス紙と同じように水よう液を区別できる。

ムラサキキャベツの液の変化

ムラサキキャベツの液

酸性		中性	アルカリ性	
赤色	うすい赤色	むらさき色	緑色	黄色

ムラサキキャベツは，スーパーなどで売っているよ。

リトマス紙やムラサキキャベツの液の色の変化と，水よう液の関係は覚えておこうね。

1 リトマス紙と，ムラサキキャベツの液を使って，水よう液の性質を調べました。次の問いに答えましょう。

(1) 酸性の水よう液を，赤色リトマス紙と青色リトマス紙につけると，それぞれのリトマス紙の色はどうなりますか。

赤色リトマス紙（　　　　　　　　）
青色リトマス紙（　　　　　　　　）

(2) ある水よう液を赤色リトマス紙と青色リトマスにつけたところ，どちらのリトマス紙の色も変わりませんでした。この結果からわかることを，**ア～ウ**から選びましょう。

（　　　　）

ア　この水よう液は酸性である。　**イ**　この水よう液は中性である。
ウ　この水よう液はアルカリ性である。

(3) リトマス紙のまちがった使い方を，次の文の㋐～㋒から選びましょう。

（　　　　）

リトマス紙は㋐ピンセットでとり出し，水よう液をつけるときは㋑ガラス棒(ぼう)を使う。そのままちがう水よう液の性質も調べたいときは，ガラス棒を㋒食塩水で洗ってから使う。

(4) ムラサキキャベツの液をつくる方法を，**ア**，**イ**から選びましょう。

（　　　　）

ア　細かく切ったムラサキキャベツを，ふくろに入れてもむ。
イ　細かく切ったムラサキキャベツを，太陽の光に当(あ)てる。

(5) ある水よう液を，むらさき色のムラサキキャベツの液に入れると，ムラサキキャベツの液は赤色になりました。この水よう液は何性ですか。

（　　　　　　）

ヒント　(1)(2)赤と青のリトマス紙に酸性の水よう液をつけると，青色リトマス紙が赤色になり，アルカリ性の水よう液をつけると，赤色リトマス紙が青色になります。

水よう液の性質

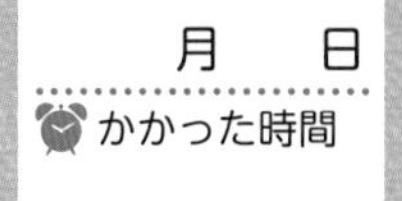

水よう液(えき)の性質(せいしつ)について，言葉をなぞりましょう。

水よう液の性質

水よう液	赤色のリトマス紙	青色のリトマス紙
塩酸	変化しない	赤色に変わる
炭酸水	変化しない	赤色に変わる
食塩水	変化しない	変化しない
アンモニア水	青色に変わる	変化しない
石灰水(せっかいすい)	青色に変わる	変化しない

塩酸や炭酸水のように，青色のリトマス紙だけを赤色に変える水よう液の性質を 酸性(さんせい) ，食塩水のように，どちらのリトマス紙の色も変えない水よう液の性質を 中性(ちゅうせい) ，アンモニア水や石灰水のように，赤色のリトマス紙だけを青色に変える水よう液の性質を アルカリ性(せい) という。

ムラサキキャベツの液を使ったときの，水よう液の色の変化についても考えてみよう。

1 塩酸，食塩水，石灰水をあ～うのビーカーに入れ，水よう液の性質を調べました。次の問いに答えましょう。

(1) あ～うの水よう液を赤色のリトマス紙につけると，いの水よう液だけリトマス紙の色が青色に変わりました。いの水よう液は何ですか。

(　　　　　　　　　　)

(2) (1)の水よう液の性質は，酸性，中性，アルカリ性のどれですか。

(　　　　　　　　　　)

(3) あとうの水よう液をそれぞれ青色リトマス紙につけました。次の文の(　　　)にあてはまる言葉を書きましょう。

あの水よう液を青色リトマス紙につけると色は変わらなかったが，うの水よう液を青色リトマス紙につけると①(　　　　)色に変わった。このことから，うの水よう液は②(　　　　　　　　　　)であることがわかる。

(4) あの水よう液のように，どちらのリトマス紙の色も変えない水よう液の性質を何といいますか。

(　　　　　　　　　　)

(5) いの水よう液と同じ性質の水よう液を，**ア**～**ウ**から選びましょう。

(　　　　)

ア　炭酸水　　**イ**　アンモニア水　　**ウ**　砂糖水（さとうみず）

(6) ムラサキキャベツの液を石灰水に入れると，赤色，むらさき色，黄色のどの色に変化しますか。

(　　　　　　　　　　)

ヒント　(6)ムラサキキャベツの液に酸性の水よう液を入れると赤色に，中性の水よう液を入れるとむらさき色に，アルカリ性の水よう液を入れると黄色に変わります。

金属をとかす水よう液

月　日
かかった時間
分

アルミニウムや鉄を，塩酸や炭酸水に入れたときについて，言葉をなぞりましょう。

水よう液に入れた金属のようす

試験管にアルミニウムと鉄（スチールウール）を入れて，うすい塩酸と炭酸水を加えたときの金属のようすを調べる。

チャレンジ！
文字をなぞって表を完成させよう。

金属	アルミニウム	鉄（スチールウール）
うすい塩酸を加えたときのようす	アルミニウム あわを出して とけた 。	鉄 あわを出して とけた 。
炭酸水を加えたときのようす	アルミニウム 変化しなかった。	鉄 変化しなかった。

酸性の水よう液には，うすい塩酸のように，鉄やアルミニウムを とかす ものがある。

金属製品に使えない洗ざい

塩酸をふくむ洗ざいは，金属製品をとかしてしまうため使うことができません。洗ざいを使うときは，洗ざいにふくまれているものや，使ってはいけないものを確かめてから使うようにしましょう。

1 **下の図のように，鉄（スチールウール）とアルミニウムが入った試験管に，炭酸水やうすい塩酸を加えました。あとの問いに答えましょう。**

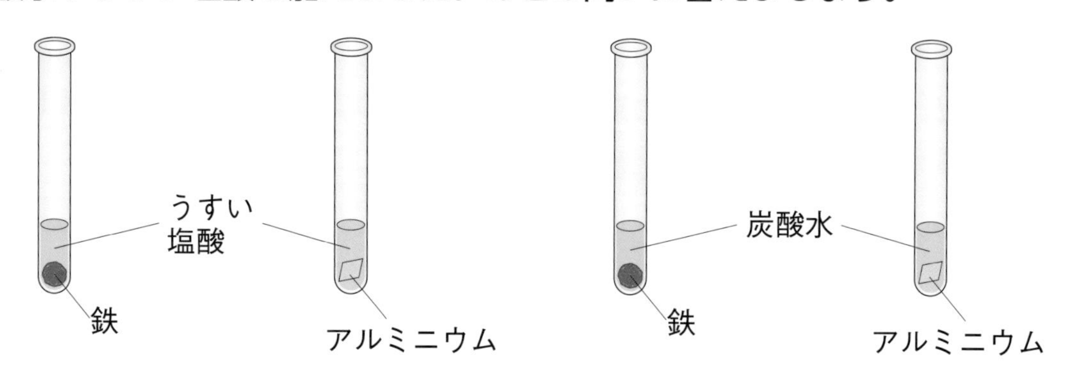

(1) 鉄とアルミニウムにうすい塩酸を加えると，どのようになりますか。それぞれ**ア**～**ウ**から選びましょう。ただし，同じ記号を選んでもかまいません。

鉄（　　　　）

アルミニウム（　　　　）

ア 液の色が変わる。　**イ** 鉄またはアルミニウムからあわが出る。

ウ 変化が見られない。

(2) (1)から，うすい塩酸には金属をとかすはたらきがあるといえますか。

（　　　　）

(3) 鉄とアルミニウムに炭酸水を加えると，どのようになりますか。それぞれ**ア**～**ウ**から選びましょう。ただし，同じ記号を選んでもかまいません。

鉄（　　　　）

アルミニウム（　　　　）

ア 液の色が変わる。　**イ** 鉄またはアルミニウムからあわが出る。

ウ 変化が見られない。

(4) (3)から，炭酸水には金属をとかすはたらきがあるといえますか。

（　　　　）

ヒント 塩酸と炭酸水のように，同じ酸性の水よう液でも金属をとかすものととかさないものがあります。金属に炭酸水を加えたときに見られるあわは，炭酸水から出るあわです。

水よう液にとけた金属のゆくえ

月　日
かかった時間
分

金属(きんぞく)がとけた水よう液について，言葉をなぞりましょう。

塩酸にとけた金属のゆくえ

アルミニウムと，塩酸にアルミニウムをとかした後の液から水を蒸発(じょうはつ)させたときに出てくる 固体 の性質(せいしつ)のちがいを調べる。

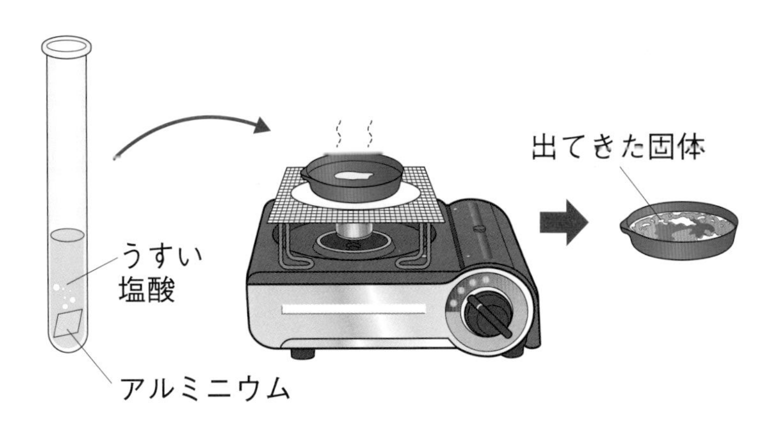

チャレンジ！
文字をなぞって表を完成させよう。

	アルミニウム	出てきた固体
見た目	銀色 で，つや がある。	白色 で，つやがない。
塩酸に入れたとき	あわを出して とける 。	あわを出さずにとける。

塩酸にアルミニウムがとけた液から出てきた固体は，アルミニウムとは 別のもの といえる。塩酸のように，水よう液には金属を別のものに 変化させる ものがある。

見た目や，塩酸に入れたときのちがいを調べる以外にも，水に入れたときにとけるかどうかを調べたりする方法があるね。

1 下の図のように，アルミニウムをうすい塩酸に入れたところ，あわを出してとけました。この液を蒸発皿（じょうはつざら）に入れて水を蒸発させると，固体㋐が残りました。あとの問いに答えましょう。

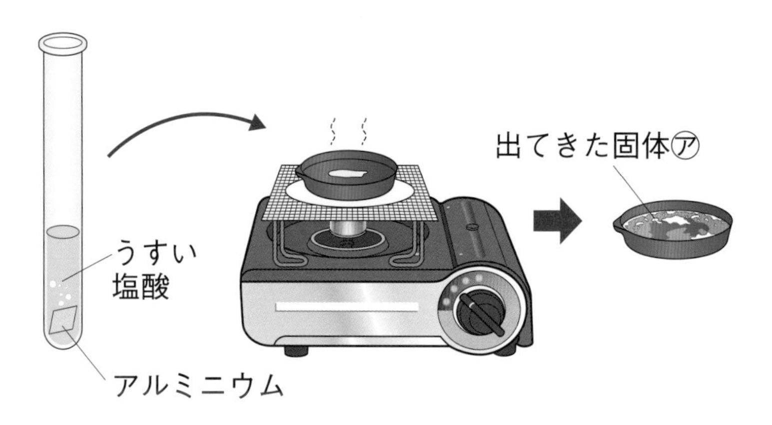

(1) 固体㋐の見た目のようすを，**ア**，**イ**から選びましょう。

（　　　）

ア 白色で，つやがない。　**イ** 銀色で，つやがある。

(2) 固体㋐が残った蒸発皿にうすい塩酸を入れると，固体㋐はどうなりますか。

（　　　　　　　　　　）

(3) うすい塩酸のはたらきについて，次の文の（　　）にあてはまる言葉を書きましょう。

うすい塩酸は，アルミニウムをもとのアルミニウムとは（　　　　）に変えるはたらきをもつ。

(4) うすい塩酸に鉄をとかしてできた水よう液の水を蒸発させても，アルミニウムのときと同じように，固体が出てきました。出てきた固体が鉄と同じ物質かどうかを調べる方法を，**ア**，**イ**から選びましょう。

（　　　）

ア 磁石（じしゃく）を近づける。　**イ** においを調べる。

ヒント (3)㋐の見た目やうすい塩酸に入れたときのようすが，アルミニウムの見た目やうすい塩酸に入れたときのようすとちがえば，㋐はアルミニウムと別のものだといえます。

てこ，力点の位置を変えたとき

月　日
かかった時間
分

てことそのはたらきについて言葉や数字をなぞりましょう。

てこ

棒の１点を支えにして，棒の一部に力を加えてものを持ち上げたり，

動かしたりすることができるものを　てこ　という。

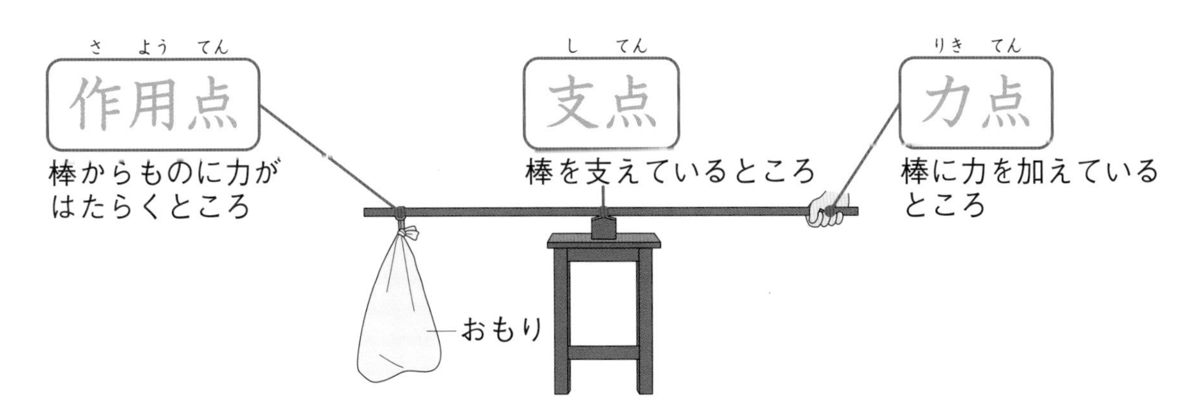

力点と支点の位置

てこを使ってものを持ち上げるとき，　支点　と　力点　の間のきょり

が　長い　ほど，ものをより小さな力で持ち上げることができる。

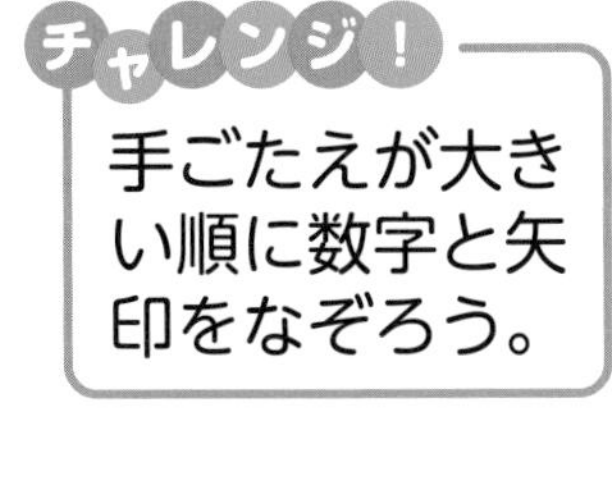

作用点　支点　力点

おもり

1	2	3

大きい → 小さい

手ごたえの大きさ

変えない条件
支点と作用点のきょり

1 下の図のような棒を使って，おもりを持ち上げます。あとの問いに答えましょう。

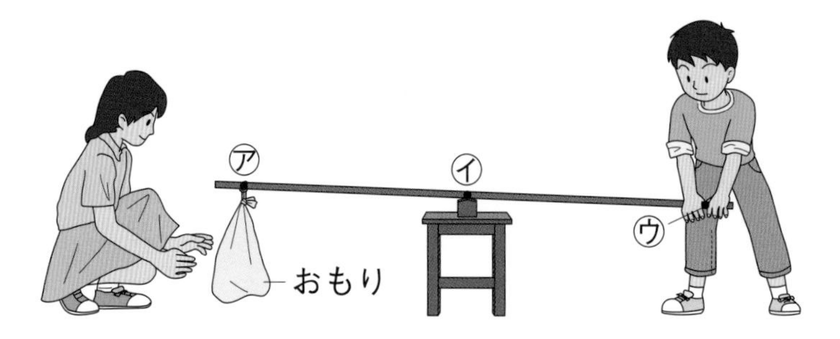

(1) 次の①～③の位置をそれぞれ何といいますか。

① 棒を支えているところ　(　　　　　　)

② 力を加えているところ　(　　　　　　)

③ 棒からものに力がはたらくところ(　　　　　　)

(2) 作用点は，図のア～ウのどれにあてはまりますか。

(　　　　)

2 右の図のように，支点と力点のきょりを変えたときのてこの手ごたえの大きさのちがいについて調べました。次の問いに答えましょう。

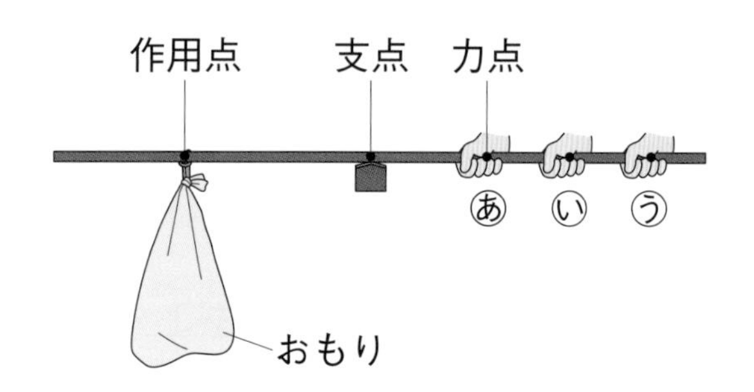

(1) この実験で変えない条件を**ア～ウ**からすべて選びましょう。

(　　　　　　)

ア　支点の位置　　**イ**　力点の位置　　**ウ**　作用点の位置

(2) 図のあ～うを手ごたえが大きい順となるように左から並(なら)べましょう。

(　　　→　　　→　　　)

(3) 力点を支点から遠ざけると，手ごたえはどのようになりますか。

(　　　　　　　　)

ヒント 2(2)(3)支点から力点のきょりは，遠いほどより小さな力でものを持ち上げることができます。

作用点，支点の位置を変えたとき

月　日
かかった時間
分

●作用点（さようてん）と支点（してん）について，言葉や数字をなぞりましょう。

作用点の位置

作用点 と 支点 の間のきょりが 短い ほど，ものをより 小さな力 で持ち上げることができる。

チャレンジ！
手ごたえが大きい順に数字をなぞろう。

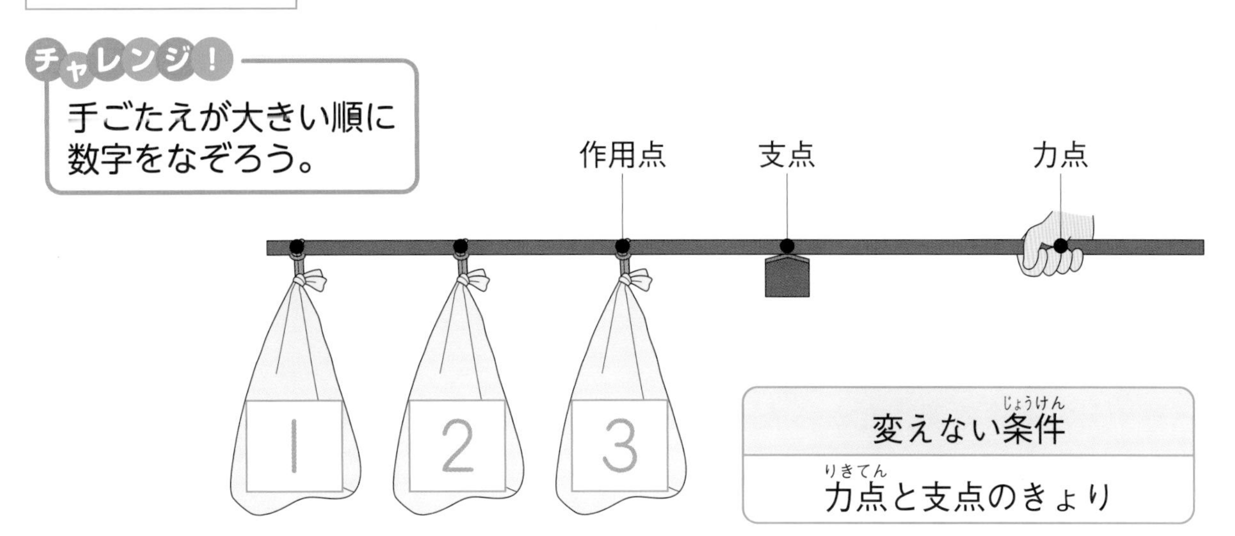

支点の位置

支点の位置は，作用点からのきょりが短く，力点からのきょりが長いほど，ものをより小さな力で持ち上げることができる。

チャレンジ！
手ごたえが大きい順に数字をなぞろう。

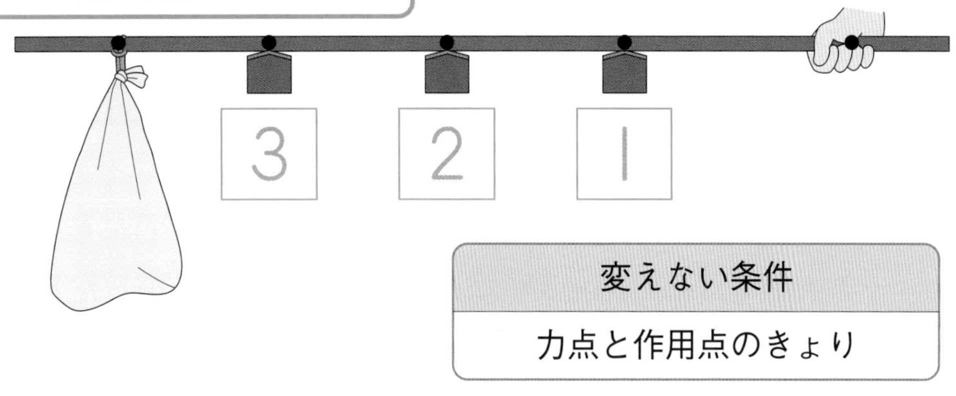

1 下の図のように，棒(ぼう)のてこにおもりを１つつるして，作用点や支点の位置を変えたときの手ごたえの大きさのちがいについて調べました。あとの問いに答えましょう。

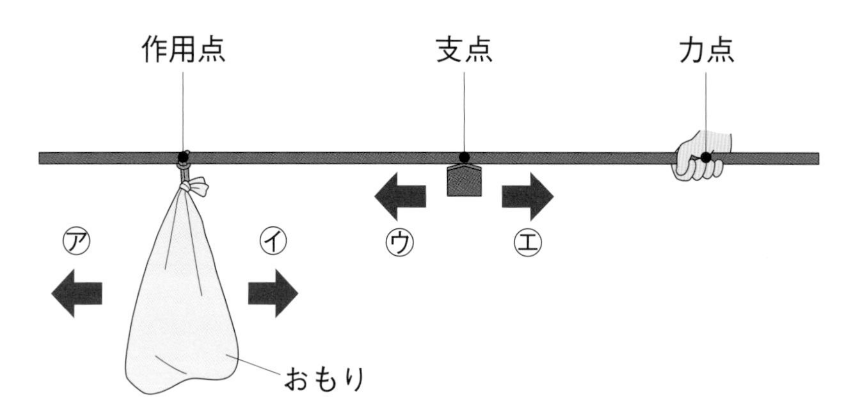

(1) 作用点の位置だけを変えたところ，おもりを持ち上げるときの手ごたえが大きくなりました。このときおもりを動かした方向をア，イから選びましょう。

（　　　　）

(2) (1)の実験で変えなかった条件を，**ア～ウ**から選びましょう。

（　　　　）

ア 作用点と支点のきょり　　**イ** 支点と力点のきょり
ウ 作用点と力点のきょり

(3) (1)の結果からわかるてこのはたらきについて，次の文の（　　）にあてはまる言葉を書きましょう。

> 支点から作用点までのきょりが（　　　　　）ほど，より小さな力でおもりを持ち上げることができる。

(4) 支点の位置だけを変えて，できるだけ小さな力でおもりを持ち上げることができるのは，支点をウ，エのどちらの方向に動かしたときですか。

（　　　　）

ヒント (4)てこを使ってものを持ち上げるとき，作用点と支点のきょりは短く，支点と力点のきょりは長いほど，より小さな力でものを持ち上げることができます。

実験用てこのつり合いのきまり

月　日
かかった時間
分

●実験用てこのつり合いのきまりについて言葉や数字，記号をなぞりましょう。

てこが水平につり合うときのきまり

実験用てこを用いて，てこが水平につり合うときのきまりを考える。

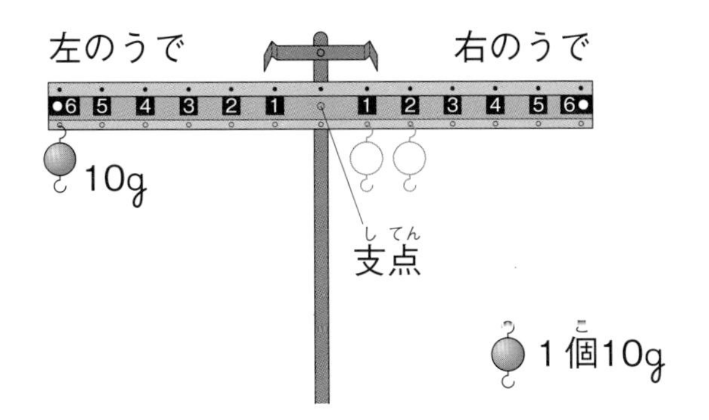

調べ方

① 左のうでの6の目盛りに，おもりを1個つるす。

② 右のうでの1～6の目盛りに，おもりを何個かつるして，てこが水平につり合う条件を調べる。てこが水平につり合うときの，おもりをつるした目盛りとおもりの重さを表にまとめる。

チャレンジ！
数字をなぞって，表を完成させよう。

てこが水平につり合うときの条件

	左のうで	右のうで			
てこの目盛り	6	6	3	2	1
おもりの重さ	10g	10g	20g	30g	60g

てこのうでをかたむけるはたらきは，

力の大きさ × 支点からのきょり

で表すことができ，このはたらきが左右で 等しい とき，てこは水平につり合う。

〔左のうでをかたむけるはたらき〕（力の大きさ×支点からのきょり） ＝ 〔右のうでをかたむけるはたらき〕（力の大きさ×支点からのきょり）

1 右の図のように，実験用てこの左のうでの3の目盛りに1個10gのおもりを2個つるすと，うでが左にかたむきました。次の問いに答えましょう。

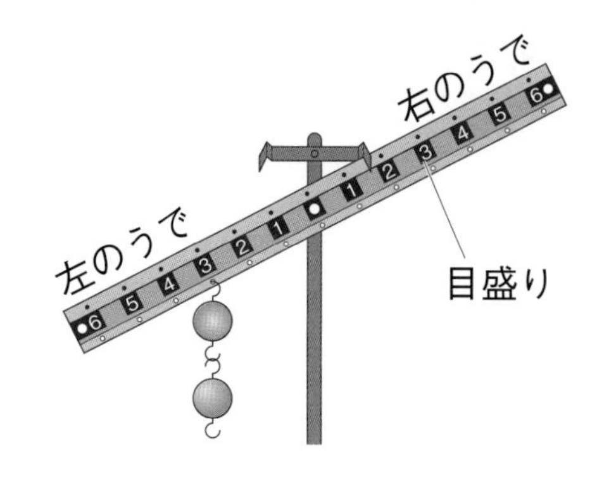

(1) 左のうでのてこをかたむけるはたらきの大きさはいくらですか。

(　　　　　)

(2) てこが水平につり合うきまりについて，次の文の(　　　)にあてはまる言葉を書きましょう。

てこのうでをかたむけるはたらきは，
①(　　　　　　　　　　)×支点からのきょり
で表すことができ，このはたらきが左右のうでで②(　　　　　)とき，てこは水平につり合う。

(3) 図のてこの右のうでに，実験で用いたものと同じ1個10gのおもりを2個つるしました。次の①～③につるした場合について，てこが右にかたむくときは「右」，左にかたむくときは「左」，水平につり合うときは「○」と書きましょう。

①(　　　　　)　②(　　　　　)　③(　　　　　)

① 右のうでの**2**の目盛り

② 右のうでの**3**の目盛り

③ 右のうでの**6**の目盛り

(4) 右のうでに30gのおもりを1個つるして，てこを水平につり合わせるとき，どの目盛りにつるせばよいですか。数字で書きましょう。

(　　　　　)

ヒント てこは，〔左のうでをかたむけるはたらき〕＝〔右のうでをかたむけるはたらき〕のとき，水平につり合います。

実験用てこのつり合い

月　日
かかった時間
分

てこのつり合いについて，言葉や数字をなぞりましょう。

いろいろなてこのつり合い

左右のうで のてこをかたむけるはたらきが，それぞれ

等しい ときに，てこはつり合う。

チャレンジ！

右の図のようなてこが
つり合う条件を，
すべてなぞってみよう。

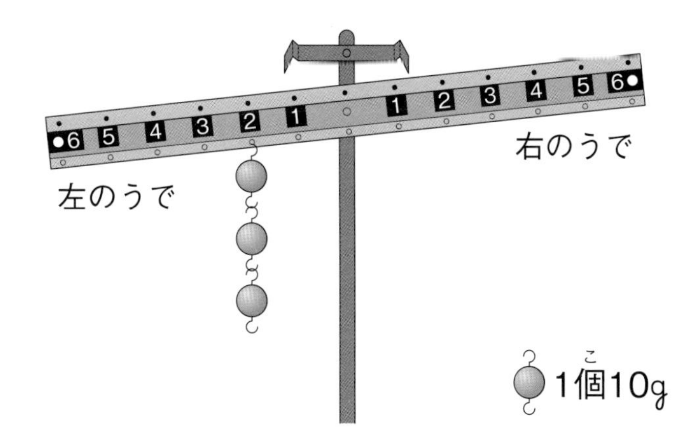

方法①　右のうでの 1 の目盛りにおもりを 6個 (60g)つるす。

方法②　右のうでの 2 の目盛りにおもりを 3個 (30g)つるす。

方法③　右のうでの 6 の目盛りにおもりを 1個 (10g)つるす。

左のうでの[力の大きさ×支点からのきょり]は
30×2＝60とわかるよ。

方法①～③も同じ数になっているね。

1 **右の図のように，実験用てこの右のうでに1個20gのおもりを2個つるしました。次の問いに答えましょう。**

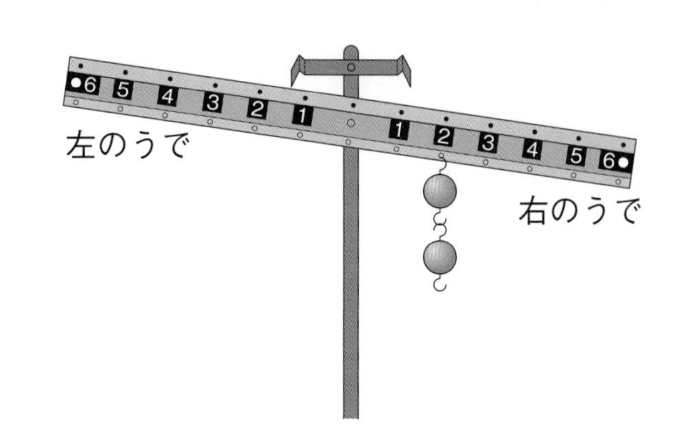

(1) 右のうでのてこをかたむけるはたらきの大きさはいくらですか。

(　　　　)

(2) 左のうでに同じおもりをつるしていき，このてこを水平にする方法を**ア**～**ウ**からすべて選びましょう。

(　　　　　　)

ア 左のうでの**1**の目盛りに，おもりを4個つるす。

イ 左のうでの**2**の目盛りに，おもりを2個つるす。

ウ 左のうでの**6**の目盛りに，おもりを1個つるす。

(3) 同じおもりを㋐～㋒のようにつるしたとき，てこが水平につり合うものをすべて選びましょう。

(　　　　　　)

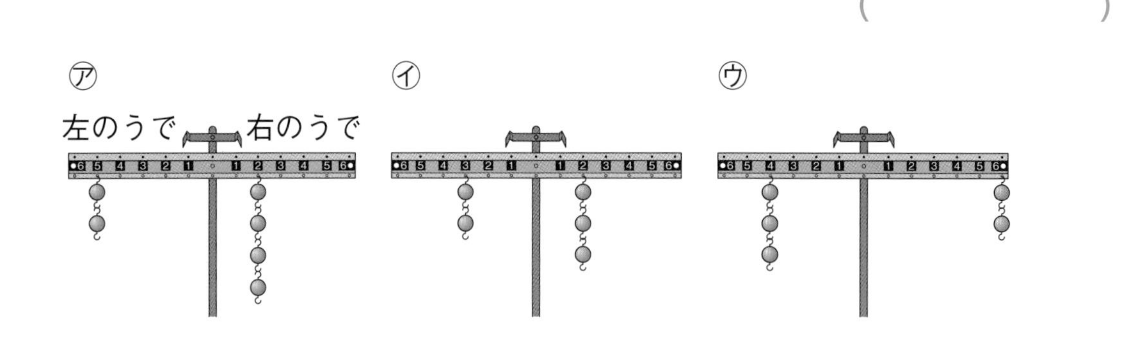

(4) 図のおもりをすべてとりさってから，10gのおもり1個を左のうでに，20gのおもり1個を右のうでにつるして，てこを水平にするとき，おもりのつるし方は全部で何通りありますか。

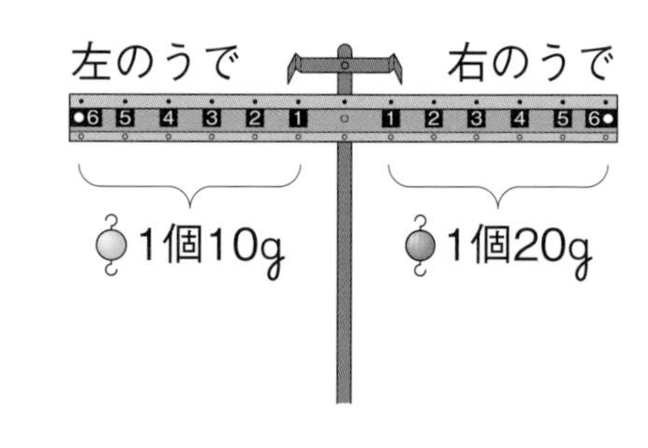

(　　　　　　)

ヒント (4)10gのおもりをつるす目盛りの大きさは，20gのおもりをつるす目盛りの大きさよりも，必ず大きくなります。

てこを利用した道具

月　日
かかった時間
分

てこを利用した道具について，言葉をなぞりましょう。

てこを利用した道具

身の回りの道具には，てこのはたらきを利用して
支点（してん），力点（りきてん），作用点（さようてん）の位置を 変える ことで，小さな力でものを動かしたりできるように，くふうされているものがある。

チャレンジ！

てこを利用した道具の，支点，力点，作用点をなぞってみよう。

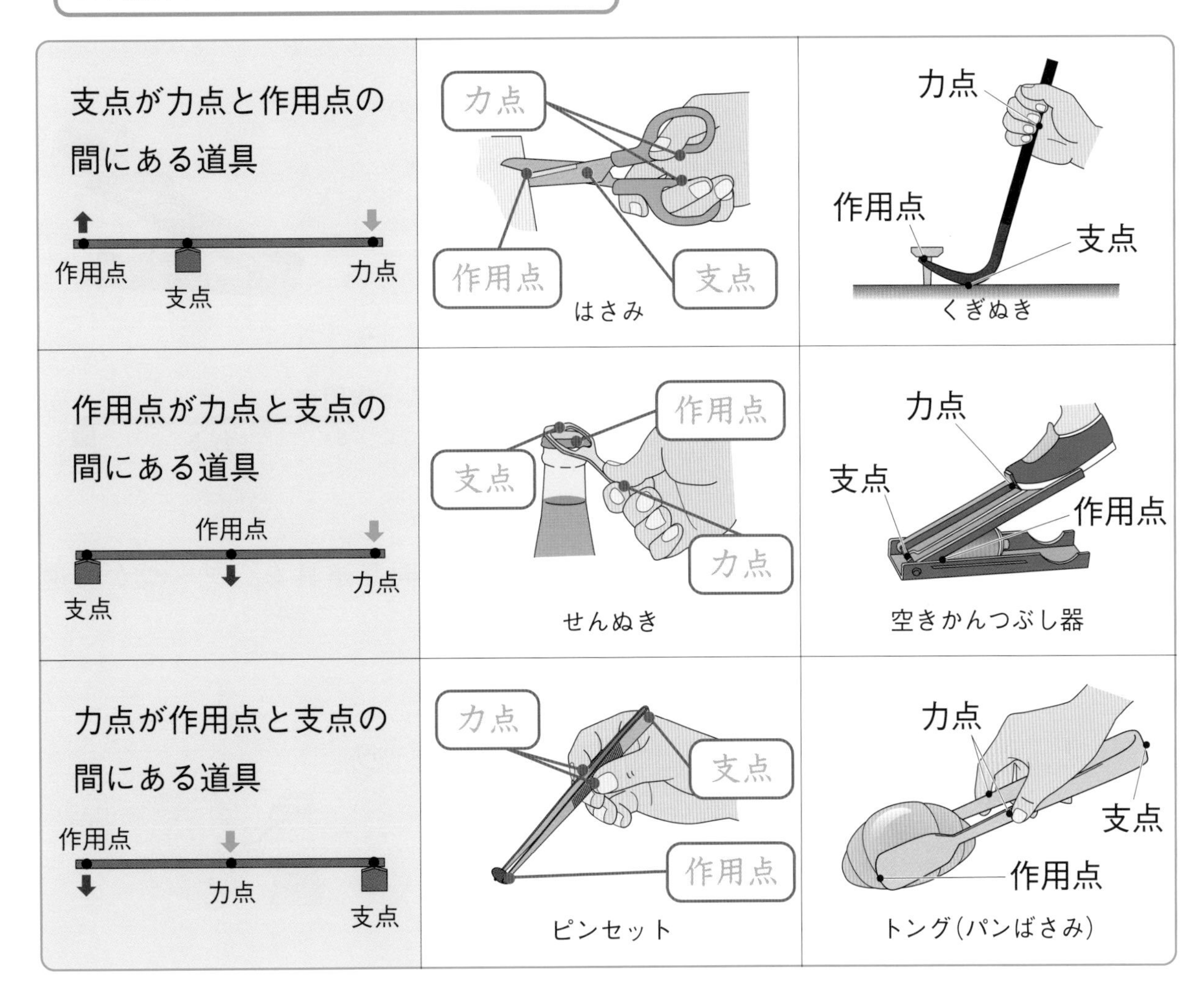

1 てこを利用した道具について，次の問いに答えましょう。

(1) 右の図はペンチを表しています。この道具の作用点を，㋐～㋒から選びましょう。

（　　　　）

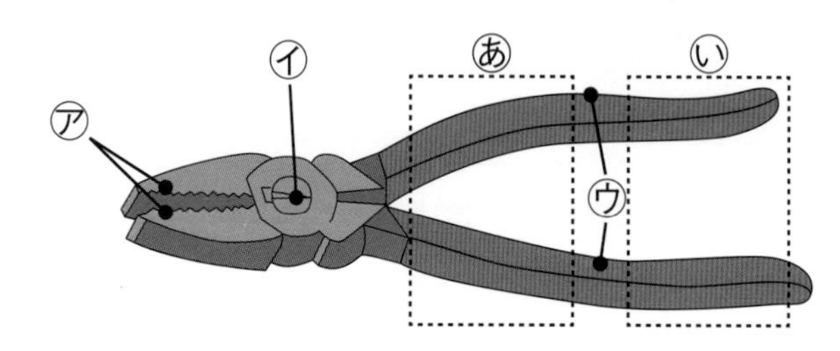

(2) ペンチでものをつかんだり，曲げたりするとき，より小さな力で使うことができるのは，あ，いのどちらの部分を手でにぎったときですか。

（　　　　）

(3) (2)のように考えた理由を書きましょう。

（　　　　　　　　　　　　　　　　）

(4) 右の図は空きかんつぶし器を表しています。この道具の支点，力点，作用点の位置の関係を表しているものを，㋐～㋒から選びましょう。

（　　　　）

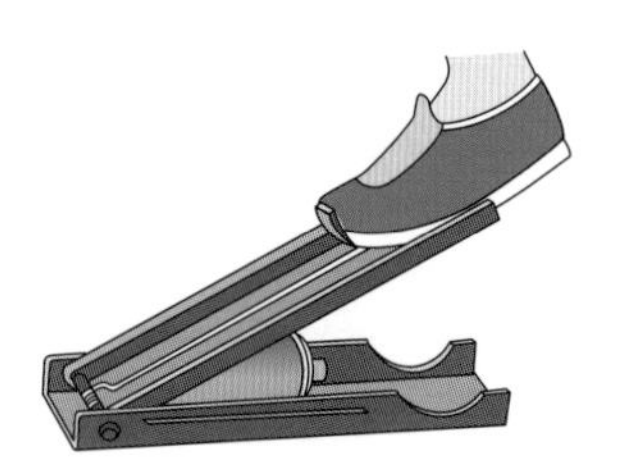

㋐

作用点　支点　力点

㋑

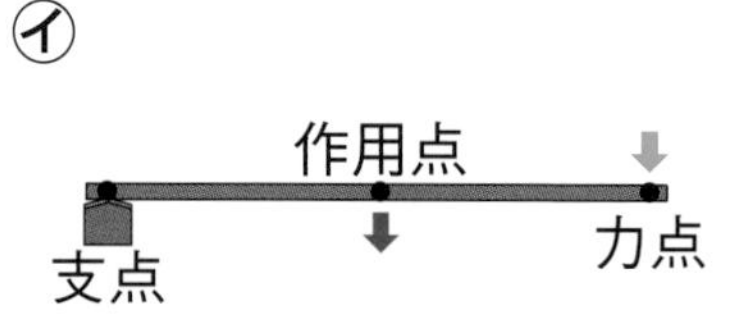

㋒

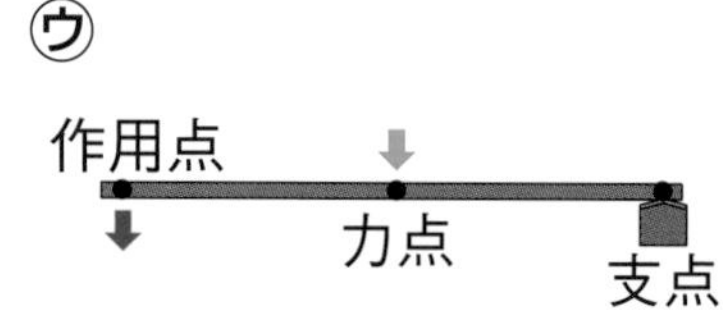

(5) (4)の道具と支点，力点，作用点の位置の関係が同じ道具を，㋐～㋒から選びましょう。

（　　　　）

㋐

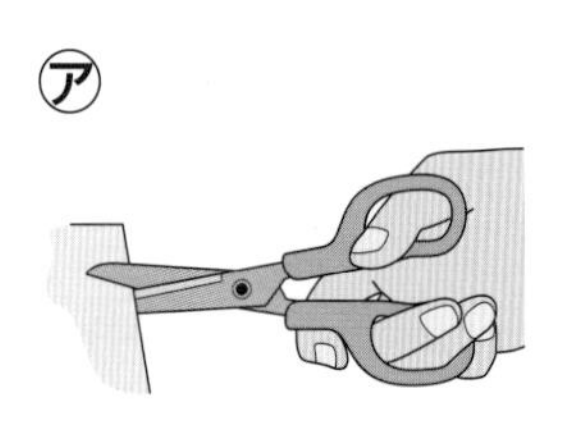

はさみ

㋑

くぎぬき

㋒

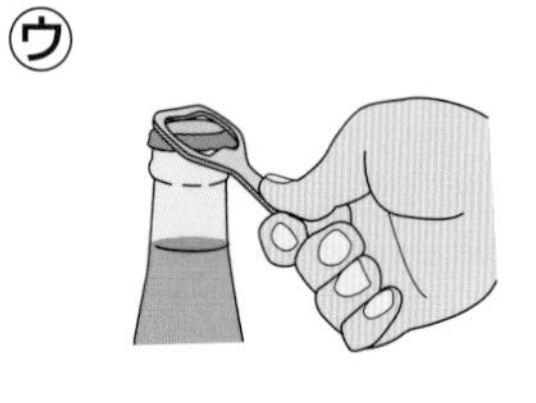

せんぬき

ヒント
(1)(4)手や足で力を加える場所が力点，ものに力が加わる場所が作用点です。
(2)(3)支点と力点のきょりが長いほど，より小さな力でものを動かすことができます。

上皿てんびん，さおばかり

月　日
かかった時間
分

てこのはたらきを利用して重さをはかる道具について，言葉をなぞりましょう。

上皿てんびん

左右のうでのつり合いを利用して，ものの重さをはかる道具を てんびん (上皿てんびん)という。左右の皿は，支点(してん)から同じ きょり の位置にあるため，うでが 水平 になった(つり合った)とき，左右の皿にのせたものの重さは同じであるとわかる。

さおばかり

うでにつるしたおもりの 位置 を変えて，棒(ぼう)を水平にすることで，反対側につるしたものの重さをはかる道具を さおばかり という。

チャレンジ！
さおばかりにつるしたものの重さの求め方をなぞってみよう。

さおばかりは，支点とものののきょりは変えずに，おもりをつるす位置を変えるんだね。

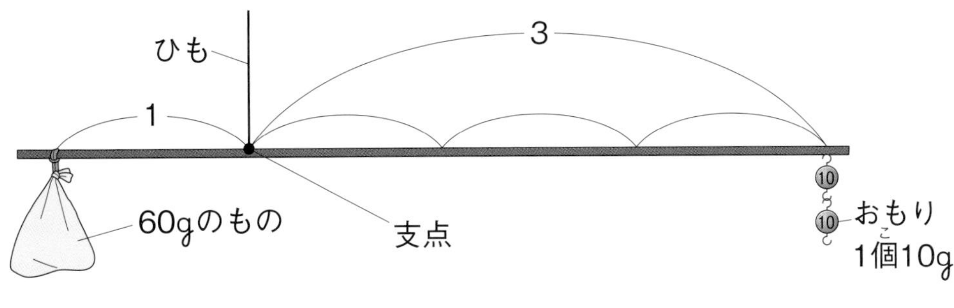

60g × 1 ＝ 20g × 3

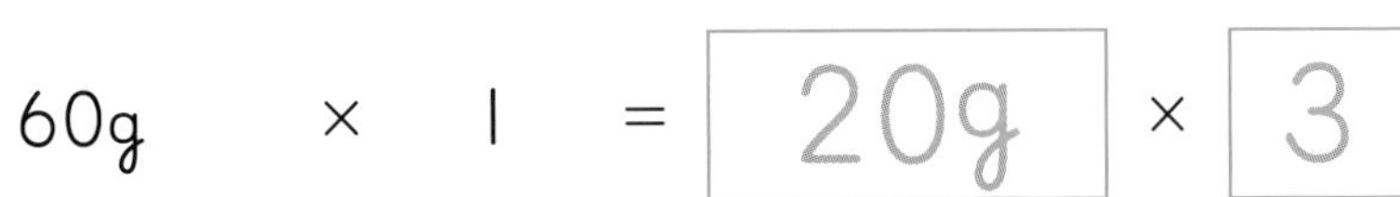

1 上皿てんびんについて，次の文の(　　　)にあてはまる言葉を書きましょう。

支点から同じ①(　　　　　)の位置にある皿にものをのせて，うでが②(　　　　　)になったとき，左右の皿にのせたものの重さは同じといえる。

2 右の図のように，ひもにつるした棒の左側に，重さをはかりたいものをつるしました。棒の右側の，支点をはさんで同じきょりの位置に10gのおもりをつるしていくと，おもりを4個つるしたときに棒が水平になりました。棒の左側につるしたものの重さは何gですか。

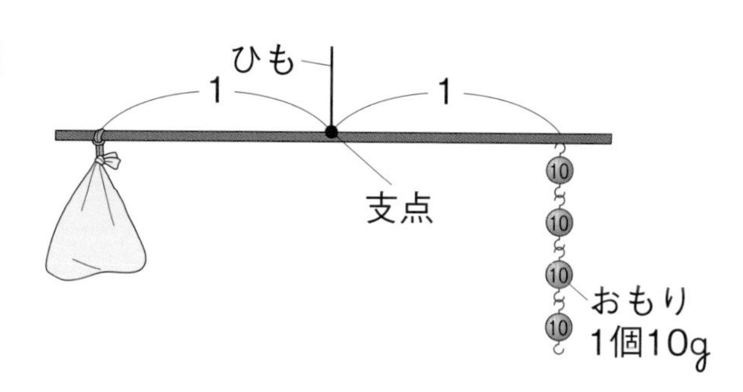

(　　　　　)

3 実験用てこを使って，ものの重さを調べると，右の図のようになりました。これについて，次の問いに答えましょう。

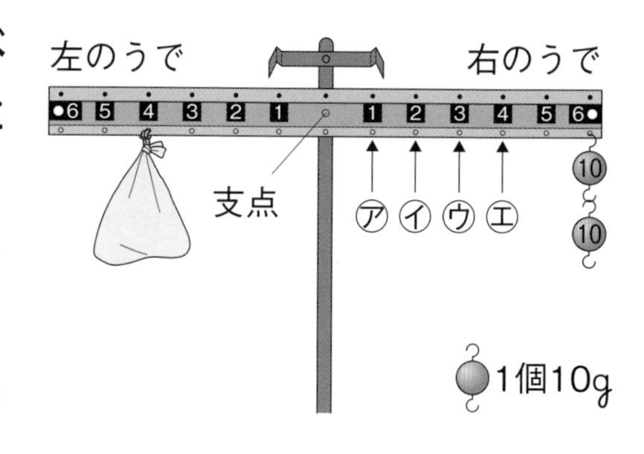

(1) 右のうでのてこをかたむけるはたらきの大きさは，いくらですか。

(　　　　　)

(2) 左のうでにつるしたものの重さは，何gですか。

(　　　　　)

(3) 右のうでにつるすおもりを3個にしたとき，てこが水平につり合うためには，3個のおもりをどこにつるすとよいですか。㋐～㋓から選びましょう。

(　　　　　)

ヒント **3** てこをかたむけるはたらきの大きさは，〔力の大きさ×支点からのきょり〕で求められます。

手回し発電機で発電する

月　日
かかった時間
分

手回し発電機について言葉をなぞりましょう。

手回し発電機

中にモーターが入っており，ハンドルを回すことで発電する装置(そうち)を

手回し発電機 という。

ハンドルを逆に回したときのようすは，モーターを使うとわかりやすいよ。

チャレンジ！

手回し発電機のハンドルを回したときのようすについて，文字をなぞろう。

	㋐ハンドルを ゆっくり回す	㋑ハンドルを 速く回す	㋒ハンドルを 逆(ぎゃく)にゆっくり回す
実験のようす			
手回し発電機に豆電球をつなぐ	明かりがついた。	㋐よりも 明るく なった。	㋐と 同じ 明るさになった。
手回し発電機にモーターをつなぐ	回った。	㋐よりも 速く 回った。	㋐と 逆 の向きに，㋐と同じ速さで回った。

手回し発電機は，ハンドルを回しているときだけ回路に 電流 が流れる。

ハンドルを回す速さを変えると，流れる電流の 大きさ が変わる。

ハンドルを回す向きを変えると，流れる電流の 向き が変わる。

1 **右の図のように，手回し発電機に豆電球をつなぎゆっくり回すと，明かりがつきました。次の問いに答えましょう。**

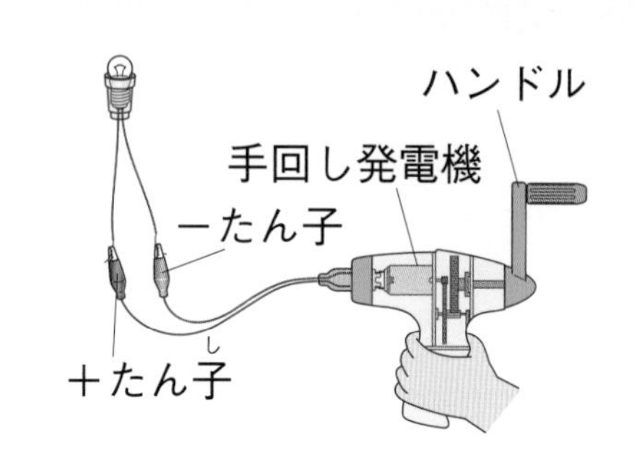

(1) ハンドルを回すのをやめると，豆電球はどうなりますか。

（　　　　　　　　　　）

(2) ハンドルを速く回したときの豆電球のようすを，**ア**，**イ**から選びましょう。

（　　　　）

ア　ゆっくり回したときよりも明るくなる。

イ　ゆっくり回したときと同じ明るさになる。

2 **右の図のように，手回し発電機にモーターをつなぎゆっくり回すと，モーターが回りました。次の問いに答えましょう。**

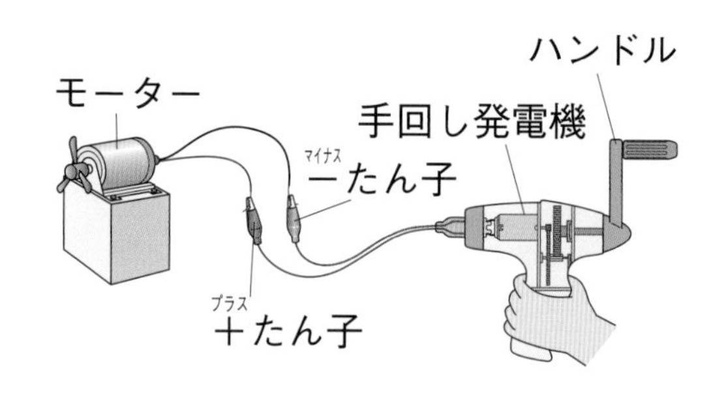

(1) モーターを速く回すには，どうすればよいですか。

（　　　　　　　　　　）

(2) 手回し発電機のハンドルを逆に回したときのモーターのようすを，**ア**，**イ**から選びましょう。

（　　　　）

ア　モーターが回らなくなる。

イ　ゆっくり回したときと逆の向きに回る。

(3) 手回し発電機は，電気をつくる道具ですか，電気をためる道具ですか。

（　　　　　　　　　　）

ヒント　**1** **2** 手回し発電機は，ハンドルを回す速さによって流れる電流の大きさが変わり，ハンドルを回す向きによって，流れる電流の向きが変わります。

光電池で発電する

月　日
かかった時間
分

光電池(こうでんち)について，言葉をなぞりましょう。

光電池

日光が当たると電気をつくる電池を 光電池 という。

チャレンジ！
光電池がつくる電気について，
表の文字をなぞってみよう。

	㋐光を当てる	㋑強い光を当てる	㋒光を当てない
実験のようす	モーター　光電池　電灯	モーター　光電池	モーター　光電池
モーターのようす	回る。	㋐よりも 速く回る。	回らない。

㋐と㋒より，光電池は，光が当たっているときだけ回路に 電流 を流す（電池としてはたらく）ことがわかる。

㋐と㋑より，光電池に当たる光の強さを変えると，流れる電流の 大きさ が変わることがわかる。

光電池を使って，たくさんの電気をつくるには，より強い光を当てることが必要だね。

1 **右の図のように，モーターとⓐをつなぎ，ⓐに電灯の光を当てたところ，モーターは回り始めました。次の問いに答えましょう。**

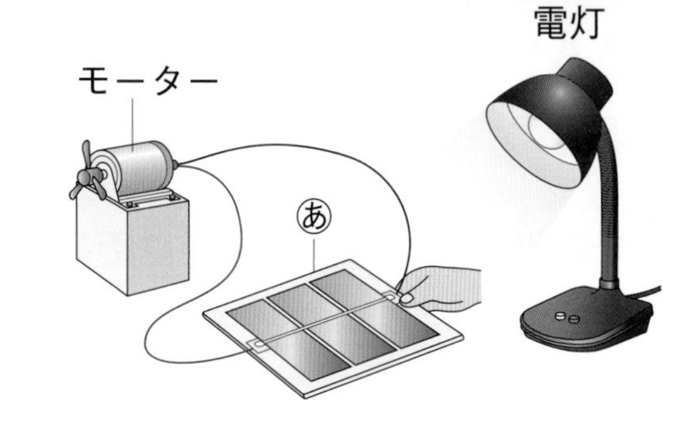

(1) 光が当たると電気をつくるⓐを何といいますか。

（　　　　　　　　）

(2) 電灯を消したときのモーターのようすを，**ア**～**ウ**から選びましょう。

（　　　　）

ア そのまま同じ速さで回り続ける。

イ モーターの回る速さがおそくなるが，回り続ける。

ウ モーターは止まる。

(3) モーターの回る速さを速くするにはどうすればよいですか。

（　　　　　　　　　　　　　　）

(4) モーターの回る向きを変えるには，どうすればよいですか。次の文の（　　）にあてはまる言葉を書きましょう。

> モーターの回る向きを変えるには，回路に流れる①（　　　　）の向きを反対にすればよいから，ⓐにつなぐ導線（どうせん）を②（　　　　）にすればよい。

(5) 豆電球とⓐをつなぎ，暗い部屋に置いて，照明として使おうとしましたがうまくいきませんでした。この理由を**ア**，**イ**から選びましょう。

（　　　　）

ア ⓐに光が当たらなかったから。

イ ⓐは豆電球につないでもはたらかないから。

ヒント (1)(2)(4)(5)光電池は，光が当たっているときだけ，かん電池と同じはたらきをします。かん電池は＋と－を反対にすると，回路に流れる電流の向きが変わります。

コンデンサーに電気をためる

月　日
かかった時間
分

●コンデンサーを使った電気の利用について言葉をなぞりましょう。

コンデンサーの使い方

電気は，［コンデンサー］などにためることができる。

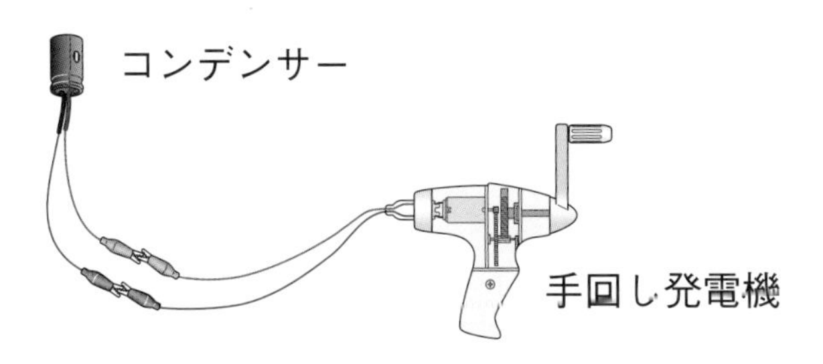

・コンデンサーの＋(プラス)たん子(し)と，手回し発電機の＋をつなぎ，
　コンデンサーの－(マイナス)たん子と，手回し発電機の－をつなぐ。
・手回し発電機のハンドルを回して，つくった電気をためる。

コンデンサーにためた電気の利用

チャレンジ！
電気をためたコンデンサーに器具をつないだときのようすについて，文字をなぞろう。

	豆電球	発光ダイオード	電子オルゴール	モーター
器具	コンデンサー			
結果	光った	光った	鳴った	回った

コンデンサーにためた電気は，［光］，［音］，［運動］などに変えて利用することができる。

1 右の図のように，㋐の器具を手回し発電機に正しくつないでハンドルを50回まわしました。その後，㋐を器具に正しくつないだときのようすを調べ，表にまとめました。あとの問いに答えましょう。

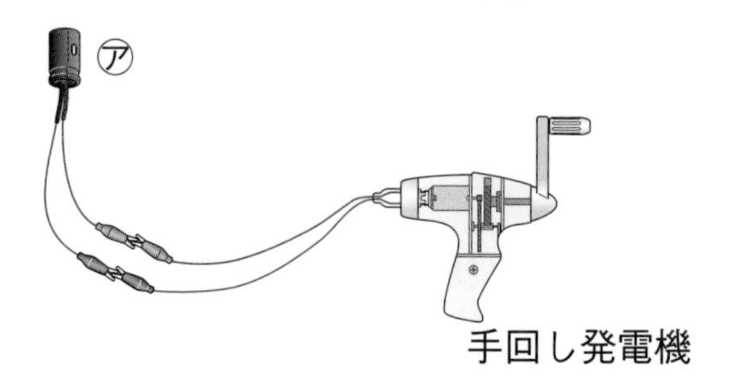

器具	豆電球	発光ダイオード	電子オルゴール	モーター
結果	㋐	光った	㋑	回った

(1) 図の㋐の器具を何といいますか。

(　　　　　　　　　　)

(2) 表のあ，いにあてはまる言葉を書きましょう。

あ(　　　　　　　　　　)

い(　　　　　　　　　　)

(3) ㋐の器具に発光ダイオードとモーターをつないだとき，電気は何に変わりましたか。それぞれ**ア**～**エ**から選びましょう。

発光ダイオード(　　　　)

モーター(　　　　)

ア 音　　**イ** 光　　**ウ** 運動　　**エ** 熱

(4) ㋐の器具について，次の文の(　　　)にあてはまる言葉を書きましょう。

㋐にさまざまな器具をつなぐと，光ったり運動したりしたことから，㋐はつくった電気を(　　　　　　)はたらきをすることがわかる。

ヒント 手回し発電機でつくった電気は，コンデンサーにためることができます。コンデンサーにためた電気は，光や音，運動などに変えて利用することができます。

豆電球と発光ダイオード

月　日
かかった時間
分

豆電球と発光ダイオードの明かりについて，言葉や数字をなぞりましょう。

明かりがつく時間のちがい

同じ量の電気で明かりをつけるとき，豆電球よりも

発光ダイオード のほうが，明かりのついている時間が

長くなる 。

チャレンジ！
明かりがつく時間について
表の数字をなぞってみよう。

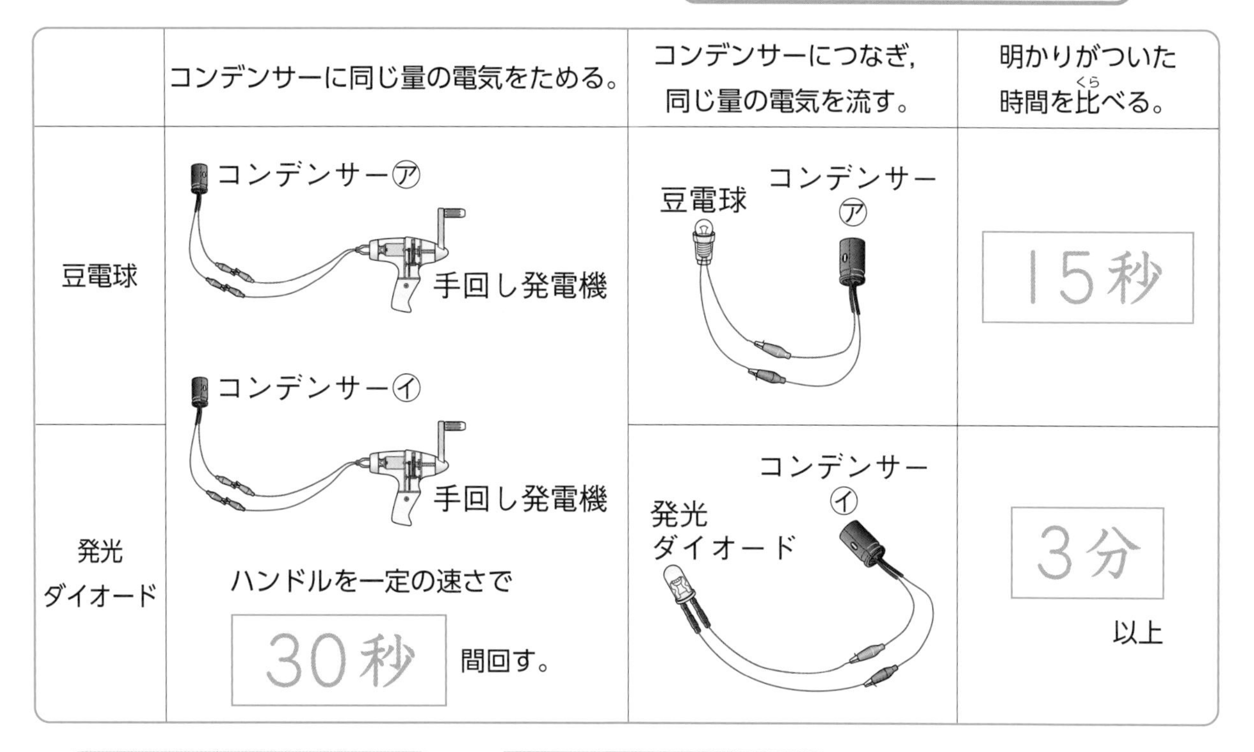

	コンデンサーに同じ量の電気をためる。	コンデンサーにつなぎ，同じ量の電気を流す。	明かりがついた時間を比べる。
豆電球	コンデンサー㋐ 手回し発電機	豆電球 コンデンサー㋐	15秒
発光ダイオード	コンデンサー㋑ 手回し発電機 ハンドルを一定の速さで 30秒 間回す。	発光ダイオード コンデンサー㋑	3分 以上

条件を同じにするために，手回し発電機のハンドルは，同じ速さで回そうね。

発光ダイオードとは

発光ダイオードは，LED（エル・イー・ディー）とも呼ばれ，ふつうに使っていればおよそ10年は使い続けることができると言われている。

1 コンデンサーに手回し発電機で電気をためて，右の図のように豆電球や発光ダイオードにつなぎました。次の問いに答えましょう。

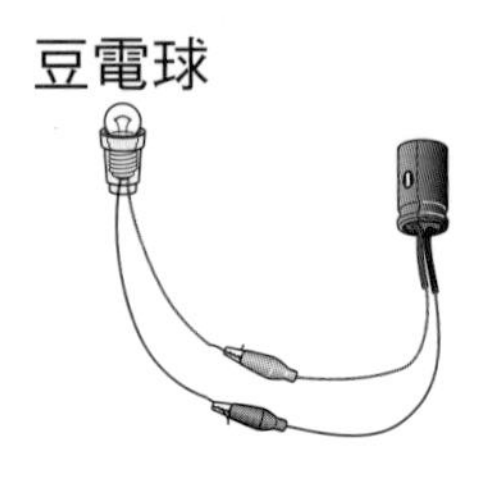

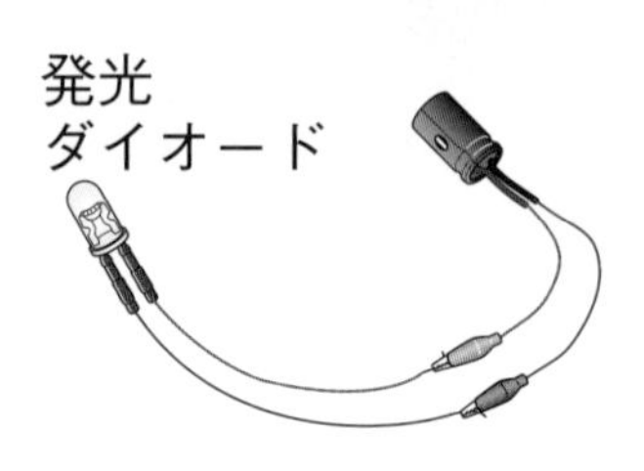

(1) コンデンサーにためた電気の量が同じとき，長く光るのは，豆電球と発光ダイオードのどちらですか。

（　　　　　　　　　　）

(2) 手回し発電機のハンドルを，同じ速さで次の㋐，㋑のように回してコンデンサーに電気をためました。明かりが最も長くつくのは，どちらのコンデンサーに，豆電球または発光ダイオードをつないだときですか。

㋐ ハンドルを10秒間回した。　㋑ ハンドルを30秒間回した。

①（記号　　　）のコンデンサーに②（　　　　　　　　）をつなぐ。

(3) ためた電気の量がちがう2つのコンデンサーがあるとき，より多くの電気をためたコンデンサーがどちらか調べる方法を，**ア**，**イ**から選びましょう。

（　　　）

ア 1つを豆電球，もう1つを発光ダイオードにつないだときに，明かりが長くついたコンデンサーがより多くの電気をためたコンデンサーとなる。

イ 2つともそれぞれ別の発光ダイオードにつないだときに，明かりが長くついたコンデンサーがより多くの電気をためたコンデンサーとなる。

(4) 最近は，豆電球（電球）よりも発光ダイオードを使った家電や電気器具が多く見られます。この理由について次の文の（　　）にあてはまる言葉を書きましょう。

> 発光ダイオードは，豆電球と同じ明るさで照らすとき，豆電球に比べて少しの電気で（　　　　）時間明かりをつけることができるため。

ヒント (2)(3)手回し発電機のハンドルを回す時間が長いほど，コンデンサーにたまる電気の量は多くなります。

電気の利用

月　日
かかった時間
分

電気を利用している道具について言葉をなぞりましょう。

電気の利用　わたしたちは，電気をいろいろなものに変えて利用している。

〈身近な例〉

・豆電球や信号機は，電気をおもに 光 に変えて利用している。

・スピーカーは，電気をおもに 音 に変えて利用している。

・電熱線（でんねつせん）やアイロンは，電気をおもに 熱 に変えて利用している。

・せん風機やモーターは，電気をおもに 運動 に変えて利用している。

チャレンジ！

下の道具は，電気を何に変えて利用するものか，線で結んでみよう。

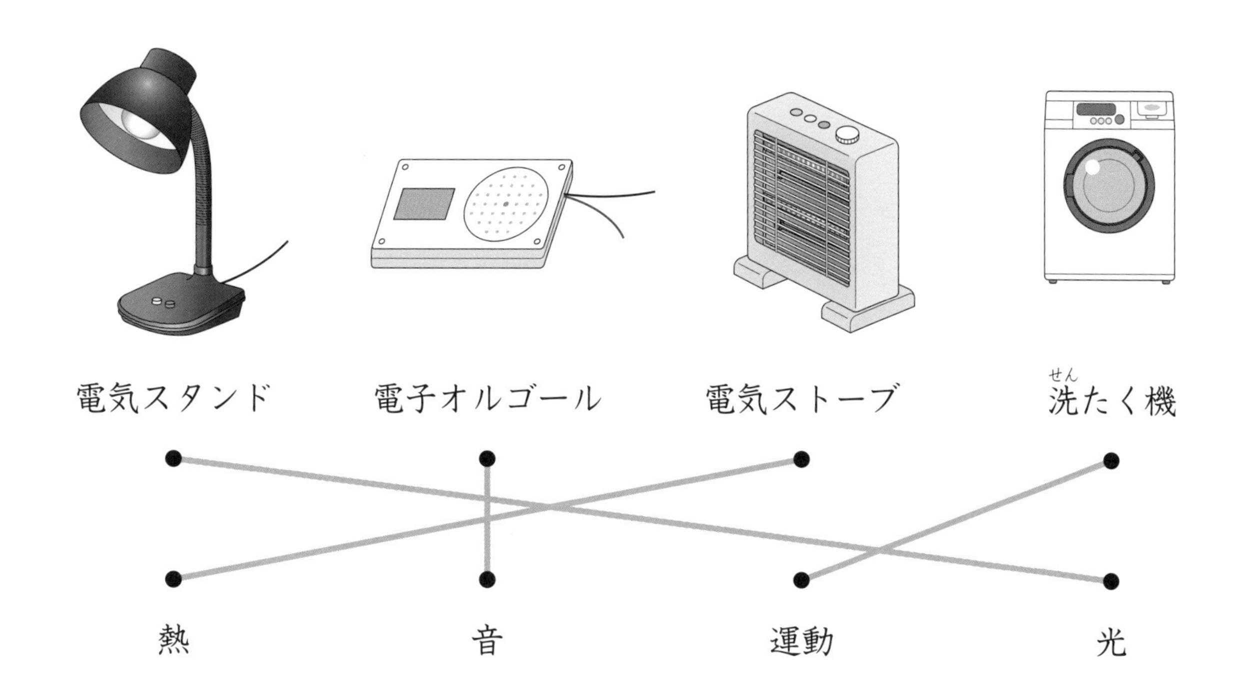

1 次の①～④にあてはまるものを，あとの㋐～㋓からそれぞれ選びましょう。

① 電気を音に変えて利用しているもの。

② 電気を運動に変えて利用しているもの。

③ 電気を光に変えて利用しているもの。

④ 電気を熱に変えて利用しているもの。

㋐ アイロン　㋑ 電子オルゴール　㋒ 電気自動車　㋓ 信号機

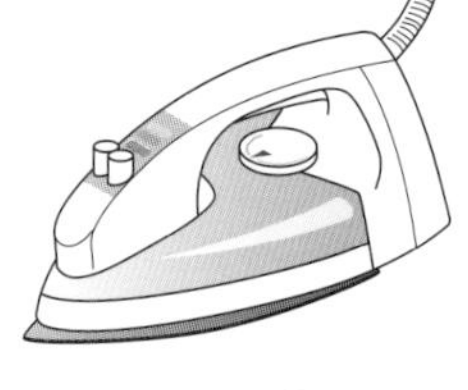
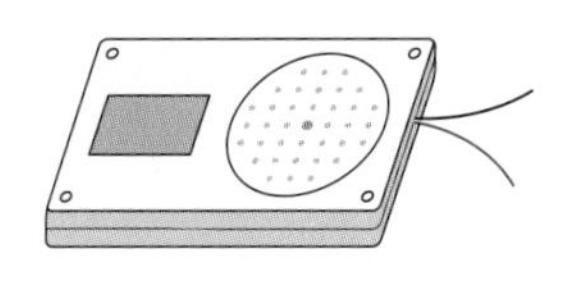

①(　　　　)　②(　　　　)　③(　　　　)　④(　　　　)

2 右の図のような装置について，次の問いに答えましょう。

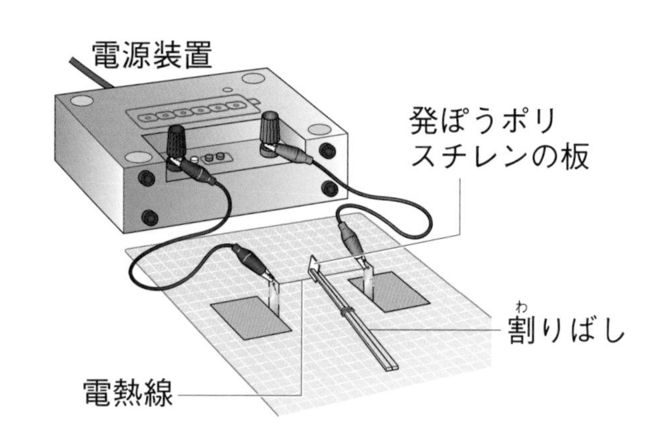

(1) 電源装置の電源をつけて，電熱線に電流を流し，発ぽうポリスチレンの板を電熱線にふれさせました。発ぽうポリスチレンの板はどうなりますか。**ア**，**イ**から選びましょう。

(　　　　)

ア 発ぽうポリスチレンの板が切れる。

イ 発ぽうポリスチレンの板は切れない。

(2) (1)のようになったのは，電熱線で電気が何に変わったからですか。**ア～エ**から選びましょう。

(　　　　)

ア 音　**イ** 運動　**ウ** 光　**エ** 熱

ヒント 2電熱線は，ヒーターやコンロなどに利用されています。

プログラミング

月　日
かかった時間
分

電気を効率よく利用するくふうについて言葉をなぞりましょう。

プログラミング

街灯は，暗く なると自動で明かりがつく。これは，周囲が暗くなったことを センサー が感知すると，人がコンピュータにあらかじめ入力しておいた「暗くなったら電気をつける」という プログラム に従って，コンピュータが明かりをつけるからである。このようなプログラムをつくることを，プログラミング という。

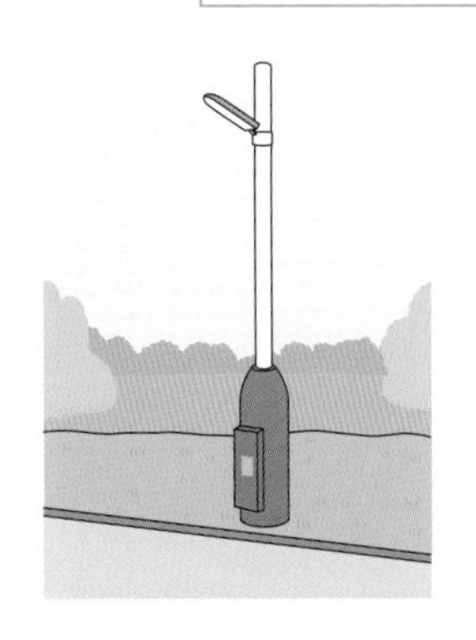

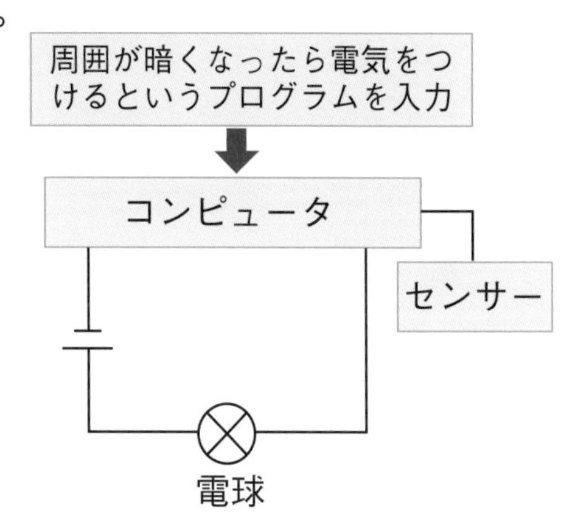

センサーの種類

センサーには音や光，温度を感知するものや，人を感知するものなど，さまざまな種類があります。これらのセンサーを上手に利用することで，電気を効率よく利用することができます。身の回りにあるさまざまなセンサーを使ったものを調べてみましょう。

人を感知すると動くエスカレーター

1 右の図で，ⓐは人が近づいたときだけ自動で開くドア，ⓘは室内の気温が20℃より高くなると自動で回るプロペラです。次の問いに答えましょう。

(1) ⓐ，ⓘについているセンサーは，何を感知しますか。それぞれ**ア～エ**から選びましょう。

ⓐ(　　　　)　ⓘ(　　　　)

ア 温度　**イ** 音　**ウ** 光　**エ** 人

(2) ⓐと同じセンサーが使われているものを，**ア～ウ**から選びましょう。

(　　　　)

ア 28℃になると自動で風の量を調節するエアコン
イ 夕方になると自動で明かりがつく街灯
ウ 人が近づくと自動で動き出すエスカレーター

(3) ⓐとⓘはセンサーとコンピュータによって動いています。次の文の(　　)にあてはまる言葉を書きましょう。

ⓐとⓘは，どちらもコンピュータにあらかじめ入力しておいた指示によって動いている。この指示を①(　　　　　　　)といい，①をつくることを②(　　　　　　　)という。

2 右の図は，人を感知すると明かりがつき，しばらく周囲に人がいないと明かりが消える電灯のしくみを簡単に表したものです。㋐にあてはまる，人の動きを感知するものを何といいますか。

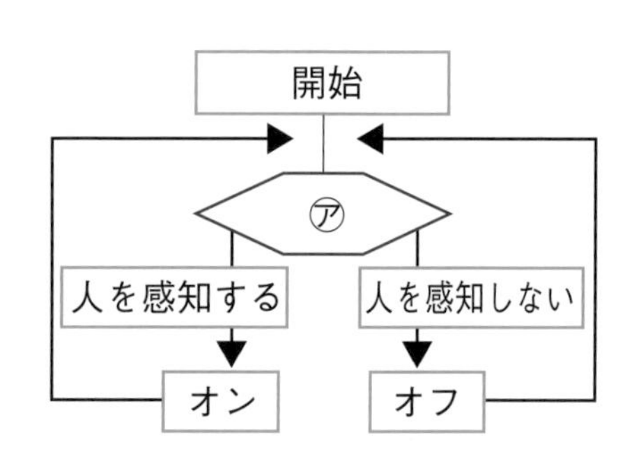

(　　　　　　　　)

ヒント　**1** (2)夕方になると自動で明かりがつく街灯には，まわりが暗くなることを感知するセンサーが入っています。

しあげのテスト①

1 **下の㋐と㋑の実験器具について，あとの問いに答えましょう。** 【10点×3】

㋐

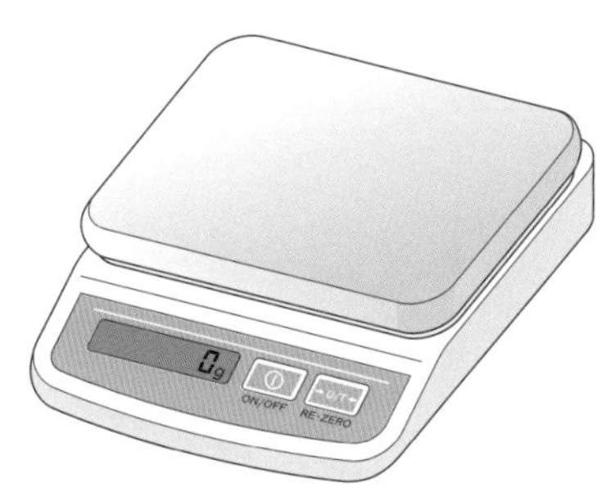

㋑

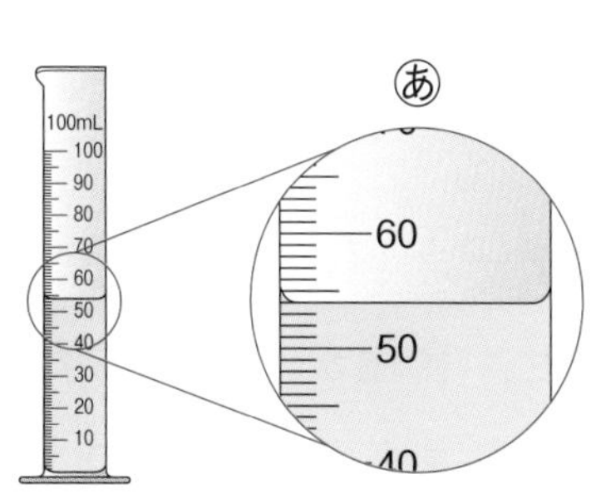

(1) ㋐と㋑の実験器具は，それぞれ何といいますか。

（㋐：　　　　　　　㋑：　　　　　　　）

(2) ㋐を使って食塩の重さをはかるため，スイッチを入れたあと，薬包紙（やくほうし）をのせました。このあと，どのようなそうさをすればよいですか。

（　　　　　　　　　　　　　　　）

(3) 食塩水を㋑の器具に入れると，目盛（も）りはあのようになりました。㋑に入れた食塩水は何 mL ですか。（　　　　　）

2 **右の図の㋐～㋒のふりこについて，次の問いに答えましょう。** 【10点×2】

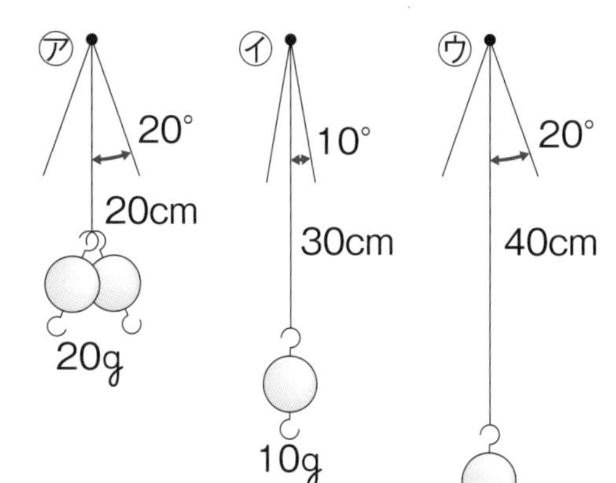

(1) Ⅰ往復（おうふく）する時間が最も長いふりこを㋐～㋒から選びましょう。（　　　）

(2) ㋐のふりこがⅠ0往復するのにかかった時間を3回はかると，8.0秒，Ⅰ0.0秒，9.0秒でした。㋐のふりこがⅠ往復するのにかかる時間は何秒ですか。（　　　）

ヒント
1 はかりたいものをのせる前，器具の表示は0gにする必要があります。
2 ふりこが1往復する時間は，ふりこの長さによって変わります。

3 すり切り１ぱいで6gの食塩をはかることができる計量スプーンを使って，いろいろな食塩の水よう液をつくりました。次の問いに答えましょう。【10点×3】

(1) スプーン2はい分の食塩を50gの水に入れてよく混(ま)ぜると，とうめいな食塩の水よう液ができました。この水よう液の重さは，何gですか。

（　　　　　）

(2) スプーン10はい分の食塩を50gの水に入れてよく混ぜると，食塩がとけ残ったため，ろ過(か)によってとり出すことにしました。ろ過のようすを表している右の図には，まちがいが1つあります。正しい方法を書きましょう。

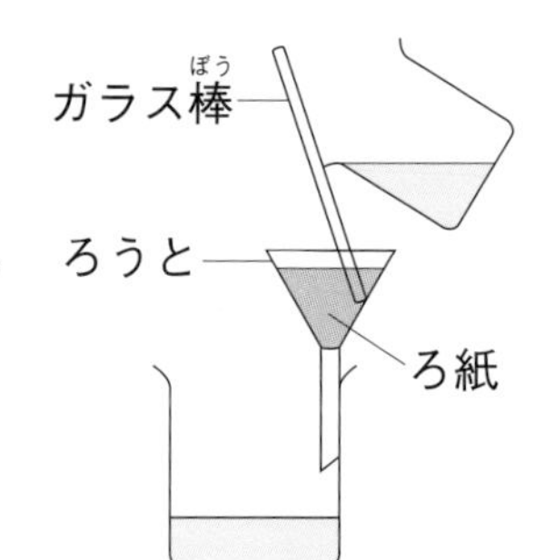

（　　　　　）

(3) (2)でろ過した水よう液を氷水につけてしばらく置きましたが，食塩はほとんど出てきませんでした。ろ過した水よう液から食塩をとり出すには，どのようにすればよいですか。その方法を書きましょう。

（　　　　　）

4 下の図の㋐～㋓の電磁石(でんじしゃく)に電流を流し，ゼムクリップがつく数を比(くら)べました。あとの問いに答えましょう。【10点×2】

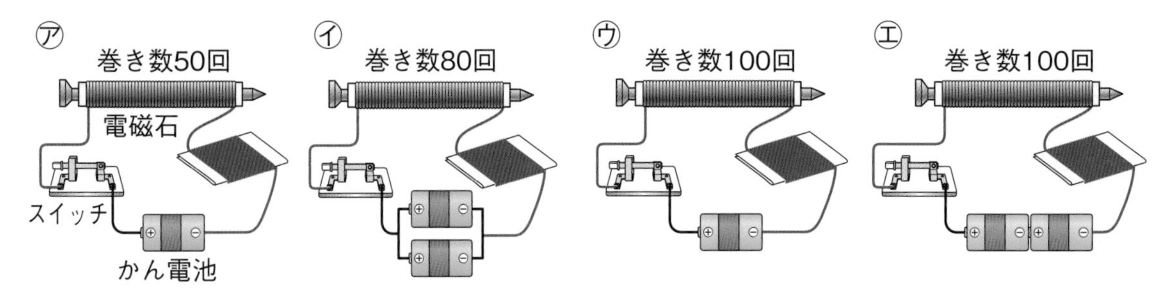

(1) ゼムクリップがつく数が多い順に㋐～㋓を並(なら)べましょう。

（　　→　　→　　→　　）

(2) 導線(どうせん)の巻(ま)き数と電磁石の強さの関係を調べるには，㋐～㋓のどれとどれについたゼムクリップの数を比べればよいですか。（　　と　　）

ヒント
3(3)食塩が水にとける量は，温度によってあまり変わりません。
4(1)ゼムクリップのつく数が多いほど，強い電磁石といえます。

しあげのテスト②

1 ろうそくが燃(も)える前の集気びんについて，酸素(さんそ)の体積の割合(わりあい)と石灰水(せっかいすい)のようすを調べました。次にろうそくが燃えた後の集気びんについて，酸素の体積の割合と石灰水のようすを調べました。あとの問いに答えましょう。【8点×2】

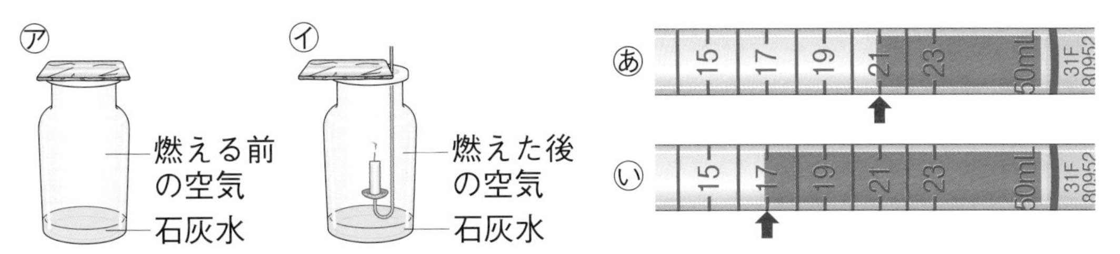

(1) 石灰水が白くにごる集気びんは，ア，イのどちらですか。 (　　　　　)

(2) イの集気びんの酸素の体積の割合を表しているのはあ，いのどちらですか。また，何%ですか。 (記号：　　　　割合：　　　　)

2 ア〜エのビーカーには，うすい塩酸，食塩水，うすいアンモニア水，炭酸水のいずれかの水よう液が入っています。あとの問いに答えましょう。【9点×3】

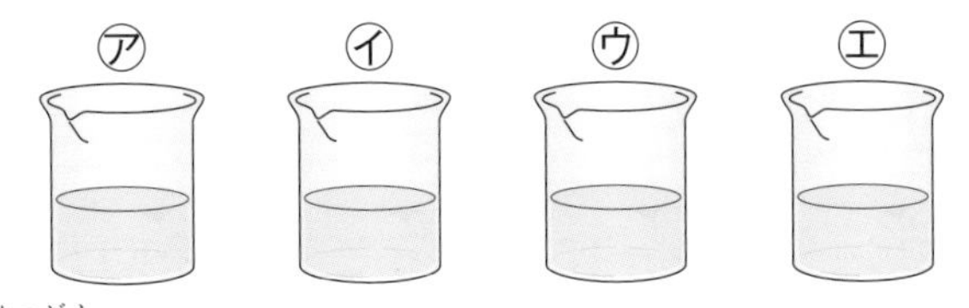

(1) 水よう液を蒸発皿(じょうはつざら)にとって熱すると，イの水よう液のみ白い固体が残りました。イは何の水よう液ですか。 (　　　　　)

(2) ある色のリトマス紙に，ア〜エのそれぞれの水よう液をつけると，アの水よう液のみ色が変わりました。このとき使ったリトマス紙は赤色と青色のどちらですか。 (　　　　　)

(3) ウとエのビーカーに鉄を入れると，エの水よう液に入れた鉄はあわを出してとけました。エは何の水よう液ですか。 (　　　　　)

ヒント
1 ものが燃えると，酸素の一部が使われて二酸化炭素ができます。
2 (2)うすいアンモニア水はアルカリ性の水よう液です。

3 てことてこのつり合いについて，次の問いに答えましょう。 【9点×3】

(1) てこを使って，できるだけ小さい力でものを持ち上げるには，力点(りきてん)と支点(してん)とのきょり，作用点(さようてん)と支点とのきょりはそれぞれどのようにすればよいですか。

力点と支点のきょり（　　　　　）

作用点と支点のきょり（　　　　　）

(2) 実験用てこに，1個20gのおもりを右の図のようにつるしました。20gのおもり4個を使っててこを水平につり合わせるには，右のうでのどの目盛(も)りにつるせばよいですか。つり合う目盛りがない場合は×と書きましょう。

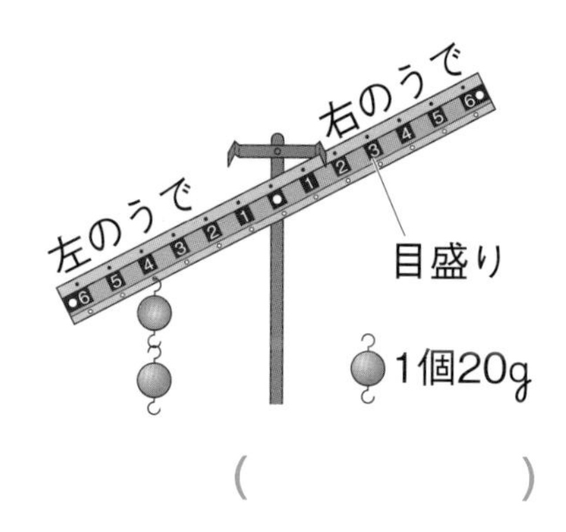

（　　　　　）

4 同じ量の電気をためた2つのコンデンサーを，豆電球と発光ダイオードにつなぎました。あとの問いに答えましょう。 【10点×3】

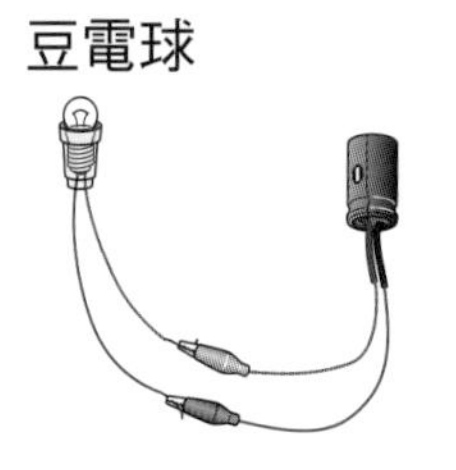

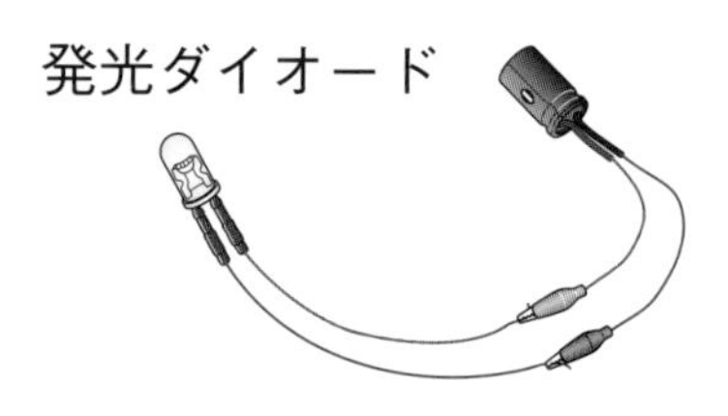

(1) 同じ量の電気をコンデンサーにためるとき，手回し発電機のハンドルはどのように回しますか。**ア**～**エ**から選びましょう。 （　　　　　）

ア 同じ速さでちがう回数回す。　**イ** 同じ速さで同じ回数回す。

ウ ちがう速さでちがう回数回す。　**エ** ちがう速さで同じ回数回す。

(2) 長い時間明かりがついていたのは，豆電球と発光ダイオードのどちらですか。 （　　　　　）

(3) 豆電球や発光ダイオードは，コンデンサーにためた電気を何に変えていますか。 （　　　　　）

ヒント
3(2)「力の大きさ×支点からのきょり」が左右で等しければ，てこは水平につり合います。
4(2)発光ダイオードのほうが少しの電気で明かりをつけることができます。

答えとてびき

小学5・6年　力や物の性質

1 ふりことは　2ページ

1 (1)支点　(2)33cm　(3)㋑　(4)㋒

まちがえやすい

1 (1)(2)　ふりこの糸などがつりさげられている点を支点という。支点からおもりの中心までの長さがふりこの長さである。

(3)　点線と糸の間の角度が小さいほど，ふりこのふれはばは小さくなる。

(4)　ふりこの１往復は，おもりが，右(左)はしから左(右)はしを通って，もう一度右(左)はしにもどってくるまでの動きである。

2 ふりこが1往復する時間の求め方　4ページ

1 (1)①3　②10　(2)イ　(3)66秒
(4)22秒　(5)2.2秒

まちがえやすい

1 (1)(2)　まずふりこが10往復する時間の合計を3でわる。次に，１往復する時間の平均を求めたいので，10往復する時間の平均を10でわる。これによって，１往復する時間をより正確に調べることができる。

(4)　$66 \div 3 = 22$(秒)

(5)　$22 \div 10 = 2.2$(秒)

3 ふりこのきまり①　6ページ

1 (1)ふりこのふれはば　○
おもりの重さ　×　　ふりこの長さ　×
(2)イ

2 (1)㋐，ふれはばを20°
(2)変わらない。

まちがえやすい

1 (2)　ふりこが１往復する時間は，ふりこのふれはばを変えても変わらない。

2 (2)　ふりこが１往復する時間は，ふりこのおもりの重さを変えても変わらない。

4 ふりこのきまり②　8ページ

1 ウ

2 (1)㋒，㋓　(2)㋐，㋑　(3)㋑
(4)変わらない。

まちがえやすい

2 (1)(2)　ふりこの長さが同じで，ふりこのふれはばがちがうものと，ふりこのふれはばが同じで，ふりこの長さがちがうものを選ぶ。

(3)(4)　ふりこが１往復する時間はふりこの長さが長くなるほど長くなるが，おもりの重さを変えても変わらない。

5 ふりこを利用したもの　10ページ

1 (1)㋑　(2)25往復　(3)㋐
(4)速くなる。　(5)変わらない。

まちがえやすい

1 (1)　ふりこの長さを短くすると，メトロノームが音をきざむ速さは速くなる。

(3)　目盛りの数字が小さいほど，ふりこが１往復する時間は長い。70の目盛りに合わせるには，ふりこの長さを長くすればよい。

(5)　おもりの重さを変えても，ふりこが１往復する時間は変わらない。

6 電子てんびん，上皿てんびん　12ページ

1 (1)上皿てんびん　(2)㋒
(3)はりが左右に同じはばでふれていたから。
(4)軽くする。

2 イ→ウ→ア

まちがえやすい

1 (2)　皿に何ものせていないときにつり合っていなければ，調節ねじを回して調節する。

(3)　はりが止まっていなくても，左右に同じはばでふれているときは，つり合っている。

(4)　右の皿が重いので，右の皿を軽くする。

7 メスシリンダーの使い方と単位 14ページ

1 (1)メスシリンダー　(2)㋑　(3)Ⓘ
(4)水平なところ。　(5)46mL
(6)約46g　(7)39(mL)

まちがえやすい

1 (2)(3)(5)　メスシリンダーの目盛りを読むときは，真横から，へこんでいる液面の平らな部分を読む。
(4)　メスシリンダーは水平なところに置いて使う。
(6)(7)　1mLの水の重さは約1gである。逆に，1gの水の体積は約1mLである。

8 ものが水にとけるとは 

1 (1)いえる。　(2)水よう液
2 (1)**イ**　(2)**ウ**　(3)115g

まちがえやすい

1 (1)　コーヒーシュガーの色が均一に広がり，とうめいになっているので，水にとけたといえる。色がついていても，とうめいな液になっていれば水にとけている。
2 (1)　重さを比べるときは，食塩の容器をふくめた全体の重さをはかる。
(2)　食塩をとかす前ととかした後では，全体の重さは変わらない。

9 水の量とものが水にとける量 18ページ

1 (1)㋐12はい　㋑6はい
(2)食塩…36はい　ミョウバン…12はい
(3)ちがうため
(4)食塩…**イ**　ミョウバン…**ア**　(5)**ア**

まちがえやすい

1 (1)　水の量が2倍，3倍になると，ものが水にとける量も2倍，3倍になる。
(4)　200mLの水に，食塩はすり切り24はい，ミョウバンは8はいまでとける。
(5)　水の量を減らすと，ものがとける量が減るため，よりとけにくくなる。

10 水の温度とものが水にとける量 20ページ

1 (1)水の量　×　水の温度　○
計量スプーンの大きさ　×
(2)増えない。(変わらない。)
(3)増える。
(4)①ミョウバン　②食塩

まちがえやすい

1 (1)　水の温度以外の条件はそろえる。
(2)(3)(4)　表より，水の温度が上がるととけたミョウバンの量はすり切り2はい，4はい…と増えるが，とけた食塩の量はすり切り6はいのまま変わらないことがわかる。

11 ろ過 

1 (1)㋐ろ紙　㋑ろうと　㋒ろ液
(2)ろ過　(3)**イ**　(4)**ア**　(5)とけている。

まちがえやすい

1 (3)　ろ紙をろうとにつけるときは，ろ紙をはめてから，水でぬらしてつける。
(4)　ろうとに液体を注ぐときは，ガラス棒に伝わらせてゆっくり注ぐ。
(5)　図2のように，液体をろ過すると，液体にとけ残った固体はろ紙でこされてとりのぞかれるが，液体にとけているものは，とりのぞかれず，とけたままである。

12 水にとけたもののとり出し方① 24ページ

1 (1)**ア**　(2)(つぶはほとんど)出てこない。
2 (1)2はい分　(2)①温度　②少なく

まちがえやすい

1 (1)　ミョウバンの水よう液の温度が低くなるほど，出てくるミョウバンの量は多くなる。
(2)　食塩の水よう液の温度を下げても，食塩のつぶはほとんど出てこない。
2 (1)(2)　水の温度が低いほど，ミョウバンがとける量は少なくなる。そのため，水よう液の温度を下げると，その温度でとけきれなくなった量のミョウバンが出てくる。

13 水にとけたもののとり出し方②

1 (1)**ウ**　(2)10g　(3)できる。

2 (1)ビーカーの水を蒸発させる。
(2)できる。

まちがえやすい

1 (1)(2)　食塩水の水を蒸発させれば食塩をとり出すことができる。食塩水の水をすべて蒸発させると，水よう液にとけている食塩をすべてとり出すことができる。

2 (2)ミョウバンの水よう液の水を蒸発させると，ミョウバンをとり出すことができるので，区別することができる。

14 電磁石

1 (1)コイル　(2)電磁石　(3)**ア**
(4)つく。　(5)つかない。
(6)コイルに電流が流れているとき。

まちがえやすい

1 (1)(2)　エナメル線を同じ方向に何回も巻いたものをコイルといい，コイルに鉄心を入れたものに電流を流すと電磁石になる。
(4)(5)(6)　電磁石は，コイルに電流が流れているとき，磁石の性質をもち，鉄のゼムクリップは鉄心につく。電流が流れていないとき，鉄のゼムクリップはつかない。

15 電磁石のN極とS極

1 (1)㋑　(2)**ア**　(3)㋐**ア**　㋑**ウ**

2 ㋐

まちがえやすい

1 (1)(2)　方位磁針のS極は電磁石のN極をさすため，㋐はS極，㋑はN極である。よって㋑に棒磁石のS極を近づけると，引き合うように動く。

2 Aの電磁石は，右側がN極，左側がS極のため，電池の＋極と－極をAと反対につないだ㋐で右側がS極，左側がN極となる。㋑は電磁石としてのはたらきをもたない。

16 電流計の使い方

1 (1)回路を流れる電流の大きさ
(2)＋たん子　(3)**ア**　(4)**ウ**　(5)0.04A

2 (1)2A　(2)200mA

まちがえやすい

1 (3)(4)　回路に流れる電流の大きさを調べるときは，最初に5Aの－たん子につなぎ，はりのふれが小さいときは500mA，50mAの順につなぎかえる。
(5)　1A＝1000mAなので，40mA＝0.04A

2 (2)500mAの－たん子につないでいるときは，上の目盛りを100，200…と読む。

17 電流の大きさと電磁石の強さ

34ページ

1 (1)50回
(2)かん電池を1個つないだとき　8個
　2個を直列つなぎにしたとき　20個
(3)①大きい　②強い(大きい)
(4)**ア**

まちがえやすい

1 (1)　回路に流れる電流の大きさ以外の条件は変えずに実験する。
(4)　かん電池2個を並列つなぎにしたときに回路に流れる電流の大きさは，かん電池1個をつないだときと同じくらいになる。

18 コイルの巻き数と電磁石の強さ

36ページ

1 (1)①○　②×　③×　(2)**ウ**
(3)200回　(4)強くなる(大きくなる)。

まちがえやすい

1 (1)　コイルの巻き数以外の条件をそろえないと，コイルの巻き数のちがいによって実験の結果が変わったのかがわからない。
(2)　コイルの巻き数を変えても，流れる電流の大きさは変わらない。
(3)(4)　コイルの巻き数が多くなるほど電磁石は強くなり，つりあげることのできるゼムクリップの数も多くなる。

19 どの電磁石が強いか

1 (1)ウ　(2)ウ→イ→ア
(3)イ
(4)電磁石に流れる電流を大きくする。
コイルの巻き数を多くする。

2 ①同じ　②多い

まちがえやすい

1 (3)　アとイの電磁石は，コイルの巻き数以外の条件は同じため，コイルの巻き数と電磁石の強さの関係を調べることができる。調べることがら以外の条件は変えずに実験する。

2 コイルの巻き数以外の条件は同じにする。

20 電磁石を使ったおもちゃ

1 (1)できない。
(2)①流れている　②流れていない
(3)①○　②×　③○

2 同じ極どうしが向かい合うようにつける。

まちがえやすい

1 (2)　電流が流れているときだけ磁石となる性質によって，かんを拾ったりはなしたりすることができる。
(3)　電磁石を強くするには，電磁石に流れる電流を大きくするか，コイルの巻き数を多くすればよい。

21 ものの燃え方と空気

42 ページ

1 (1)イ　(2)空気　(3)ア
(4)ふたをとりのぞく。　(5)イ

まちがえやすい

1 (2)　びんの中のろうそくが燃え続けるためには，びんの中の空気が新しい空気と入れかわらないといけない。
(4)　ふたをとると，びんの下から入った空気が上へ出ていくことができるため，新しい空気と入れかわり火は燃え続ける。
(5)　空気の通り道となるすき間をつくることで，まきはよく燃える。

22 ものを燃やす気体

1 (1)アちっ素　イ酸素

2 (1)イ　(2)火はすぐに消えた。
(3)ものを燃やすはたらき。

まちがえやすい

2 (1)　気体を水中で集めるときは，最初にびんを水で満たしておき，7～8割ほど集めたら，ふたをしたあとに水中から出す。
(2)　ちっ素には，ものを燃やすはたらきはない。
(3)　酸素を集めたびんでは，ろうそくが明るく燃えたことから，酸素にはものを燃やすはたらきがあることがわかる。

23 気体検知管の使い方

1 (1)気体採取器　(2)体積の割合　(3)イ

2 (1)ア
(2)①酸素　②21　③二酸化炭素　④3

まちがえやすい

1 (1)　図のあは気体検知管，いは気体採取器である。
(3)　気体検知管を使うときは，両はしを折る。

2 (1)(2)　アは酸素用検知管，イは二酸化炭素用検知管である。それぞれの気体の体積の割合は，気体検知管の色が変化したところの目盛りを読めばよい。

24 ものが燃える前後の気体の変化

48 ページ

1 (1)白くにごる。　(2)ア　(3)イ
(4)変わらない。　(5)火は消える。

まちがえやすい

1 (1)　ろうそくなどのものが燃えると二酸化炭素が発生するため，石灰水は白くにごる。
(3)　燃やした後のびんには，17％の酸素が残っているため，すべて使われたとはいえない。
(4)　ちっ素はものを燃やすはたらきなどをもたないため，その体積の割合は変わらない。
(5)　火が消えた後のびんにはものが燃えるのに必要なだけの酸素がないため，火は消える。

25 水よう液の実験の注意点

1 (1)保護めがね
(2)①×　②○　③×　④○
(3)手であおいで確かめる。
(4)①○　②○

まちがえやすい

1 (2)　ビーカーに入れる量は，およそ3分の1から2分の1以下にする。水よう液を加熱するときは，必ずかん気を行う。
(3)　水よう液の中には有毒な気体が出るものもあるため，においを確かめるときは鼻を直接近づけず，手であおいで確かめる。

26 水よう液にとけているもの

1 (1)アンモニア水
(2)①蒸発　②白い固体が残る　(3)**ア**
(4)二酸化炭素　(5)食塩水

まちがえやすい

1 (1)　においがある水よう液は塩酸またはアンモニア水である。
(2)　食塩水は食塩がとけた水よう液のため，水を蒸発させると，食塩の固体が出てくる。
(3)(4)　炭酸水には二酸化炭素がとけている。
(5)　㋐はアンモニア水，㋒は炭酸水，㋓は塩酸であることから，㋑は食塩水となる。

27 水よう液の性質を調べる薬品

54ページ

1 (1)赤色リトマス紙…変わらない。
青色リトマス紙…赤色に変わる。
(2)**イ**　(3)㋒　(4)**ア**　(5)酸性

まちがえやすい

1 (1)　赤色と青色のリトマス紙に，それぞれ酸性の水よう液をつけると，青色のリトマス紙だけが赤色に変わる。
(3)　同じガラス(かくはん)棒を使って調べるときは，水でよく洗ってから使う。
(5)　ムラサキキャベツの液は，むらさき色で中性，赤色で酸性，黄色でアルカリ性である。

28 水よう液の性質

1 (1)石灰水　(2)アルカリ性
(3)①赤　②塩酸
(4)中性　(5)**イ**　(6)黄色

まちがえやすい

1 (1)(2)　赤色のリトマス紙を青色に変える水よう液の性質をアルカリ性といい，3つの水よう液のうち，石灰水があてはまる。
(3)(4)　㋐の水よう液はどちらの色のリトマス紙も色を変えなかったことから，中性の食塩水とわかる。塩酸は，青色リトマス紙を赤色に変える性質をもつ。

29 金属をとかす水よう液

1 (1)鉄…**イ**　アルミニウム…**イ**
(2)いえる。
(3)鉄…**ウ**　アルミニウム…**ウ**
(4)いえない。

まちがえやすい

1 (1)(2)　鉄やアルミニウムにうすい塩酸を加えると，あわを出してとける。
(3)(4)　炭酸水は，鉄やアルミニウムなどの金属をとかすはたらきがない。鉄やアルミニウムに炭酸水を加えたときに見られるあわは，炭酸水のあわである。

30 水よう液にとけた金属のゆくえ

60ページ

1 (1)**ア**　(2)(あわを出さずに)とける。
(3)別のもの　(4)**ア**

まちがえやすい

1 (1)　アルミニウムは銀色でつやがある物質だが，固体㋐はアルミニウムとはちがう性質をもつ物質で，見た目は白色でつやがない。
(2)　アルミニウムを塩酸に入れるとあわを出してとけるが，蒸発皿に残った白い固体㋐は塩酸に入れるとあわを出さずにとける。
(4)　鉄は磁石につくことから，出てきた物質が鉄かどうかを調べることができる。

31 てこ，力点の位置を変えたとき 62ページ

1 (1)①支点　②力点　③作用点
(2)㋐

2 (1)ア，ウ　(2)あ→い→う
(3)小さくなる。

まちがえやすい

2 (1)　力点の位置以外の条件は変えないようにする。
(2)(3)　支点と力点のきょりが短いほど，おもりを持ち上げるときの手ごたえは大きくなり，支点と力点のきょりが長いほど，おもりを持ち上げるときの手ごたえは小さくなる。

32 作用点，支点の位置を変えたとき 64ページ

1 (1)㋐　(2)イ　(3)短い
(4)㋒

まちがえやすい

1 (1)　支点と力点の位置が同じとき，支点と作用点のきょりが長いほど，おもりを持ち上げるときの手ごたえは大きくなる。
(2)　作用点の位置だけ変えたので，支点と力点の位置は変えていない。
(4)　支点と作用点のきょりが短く，支点と力点の距離が長いほど，より小さな力でおもりを持ち上げることができる。

33 実験用てこのつり合いのきまり 66ページ

1 (1)60　(2)①力の大きさ　②等しい
(3)①左　②○　③右　(4)2

まちがえやすい

1 (1)　てこのうでをかたむけるはたらきは，力の大きさ×支点からのきょりより，$20\times3=60$
(3)　①〜③のてこの右のうでをかたむけるはたらきは，①が$20\times2=40$，②が$20\times3=60$，③が$20\times6=120$となる。
(4)　30gのおもりをつるしたときに，右のうでをかたむけるはたらきが60となる目盛りを答える。$60\div30=2$

34 実験用てこのつり合い 68ページ

1 (1)80　(2)ア，イ　(3)㋑，㋒
(4)3通り

まちがえやすい

1 (1)　$40\times2=80$
(2)　左のうでのてこをかたむけるはたらきの大きさは，ア，イで80，ウで120である。
(3)　左右のうでのてこをかたむけるはたらきの大きさは，㋑で120，㋒で240である。
(4)　[10gのおもりをつるす位置，20gのおもりをつるす位置]とすると，[2，1]，[4，2]，[6，3]の3通りある。

35 てこを利用した道具 70ページ

1 (1)㋐　(2)い
(3)支点と力点のきょりが長くなるから。
(4)㋑　(5)㋒

まちがえやすい

1 (1)　ものをはさむ部分が作用点である。
(2)(3)　支点と力点のきょりが長いほど，より小さな力でものを動かすことができる。
(4)　空きかんつぶし器は，足で力を加える部分(力点)と支点の間でかんをつぶす。
(5)　くぎぬきとはさみは，力点と作用点の間に支点がある道具である。

36 上皿てんびん，さおばかり 72ページ

1 ①きょり　②水平

2 40g

3 (1)120　(2)30g　(3)㋓

まちがえやすい

1 左右の皿の位置が支点から同じきょりにあるので，水平につり合っていれば，左右の皿にのせたものの重さは同じといえる。

3 (3)　左のうでをかたむけるはたらきは120である。右のうでに30gのおもりをつるしたときに，右のうでをかたむけるはたらきが120になるのは，4の目盛りとわかる。

37 手回し発電機で発電する 74ページ

1 (1)明かりが消える。 (2)**ア**

2 (1)ハンドルを速く回す。
(2)**イ** (3)電気をつくる道具

まちがえやすい

1 (1) 手回し発電機は，ハンドルを回しているときだけ電気をつくることができる。
(2) 手回し発電機のハンドルを速く回すと，流れる電流が大きくなり，豆電球がより明るくなる。

2 (2) 手回し発電機のハンドルを回す向きを逆にすると，流れる電流の向きは逆になる。

38 光電池で発電する

1 (1)光電池 (2)**ウ**
(3)(光電池に)強い光を当てる。
(4)①電流 ②反対 (5)**ア**

まちがえやすい

1 (2) 電灯を消すと，光電池に光が当たらなくなるため，電流は流れなくなる。
(3) 強い光が当たると，流れる電流の大きさも大きくなる。
(4) かん電池と同じように，光電池につなぐ導線の向きを反対にすると，回路に流れる電流の向きは反対になる。

39 コンデンサーに電気をためる 78ページ

1 (1)コンデンサー (2)あ光った い鳴った
(3)発光ダイオード…**イ** モーター…**ウ**
(4)ためる

まちがえやすい

1 (2) 電気をためたコンデンサーに豆電球をつなぐと，豆電球は光る。また，電子オルゴールをつなぐと，電子オルゴールは鳴る。
(3) 発光ダイオードにつなぐと光ったことから，ためた電気は光に，モーターにつなぐとモーターは回転したことから，ためた電気は運動に変わっている。

40 豆電球と発光ダイオード

1 (1)発光ダイオード
(2)①**イ** ②発光ダイオード (3)**イ**
(4)長(い)

まちがえやすい

1 (2) ハンドルを長い時間回したほうが，回した回数が多くなり，コンデンサーにたまる電気の量は多くなる。
(4) 発光ダイオードは，少ない電気の量でも豆電球とほとんど同じ明るさで長い時間明かりをつけることができるため，最近はさまざまな電気製品に利用されている。

41 電気の利用 82ページ

1 ①**イ** ②**ウ** ③**エ** ④**ア**

2 (1)**ア** (2)**エ**

まちがえやすい

1 電子オルゴールは電気を音に，電気自動車は電気を運動に，信号機は電気を光に，アイロンは電気を熱に変えて利用している。また，テレビなど，電気を光と音の2つ以上のものに変えて利用するものもある。

2 (1)(2) 電源装置の電源をつけて電流を流すと，電熱線で電気が熱に変わり，電熱線が熱くなって，発ぽうポリスチレンが切れる。

42 プログラミング 84ページ

1 (1)あ**エ** い**ア** (2)**ウ**
(3)①プログラム ②プログラミング

2 (人感)センサー

まちがえやすい

1 (1) あは人が近づくことでドアが開くので，人を感知するセンサーが入っている。いは温度によってプロペラが回るかどうかが決まるので，温度を感知するセンサーが入っている。
(2) **ア**は温度を感知するセンサーが，**イ**は光を感知するセンサーが，**ウ**は人の動きを感知するセンサーが入っている。

43 しあげのテスト①

1 (1)㋐電子てんびん　㋑メスシリンダー
(2)表示を0にする。　(3)54mL

2 (1)㋒　(2)0.9秒

3 (1)62g　(2)ろうとの先の長い部分をビーカーの内側のかべにつける。
(3)水を蒸発させる。

4 (1)㋓→㋒→㋑→㋐　(2)㋐，㋒

まちがえやすい

1 (2)　薬包紙をのせてから表示を0にすることで，はかりたいものをのせたときに，その重さだけが表示される。
(3)　図のメスシリンダーの1目盛りは1mLである。液のへこんだ部分が重なっているところの目盛りを読み取る。

2 (1)　ふりこが1往復する時間は，ふりこの長さによって変わり，おもりの重さとふれはばを変えても変わらない。
(2)　㋐のふりこが10往復する時間の平均を計算すると9.0秒とわかる。よって1往復するのにかかる時間は9.0秒÷10＝0.9秒

3 (1)　計量スプーン2はい分の食塩は，6g×2はい＝12gである。ものを水にとかす前と後で全体の重さは変わらないため，できた食塩の水よう液の重さは，50g＋12g＝62gとわかる。
(2)　ろうとに液を注ぐときは，ガラス棒に伝わらせて注ぎ，ろうとの先の長いほうをビーカーの内側のかべにつけておく。
(3)　水にとかしたものをもう一度とり出すには，水よう液を冷やす方法と水を蒸発させる方法がある。食塩の水よう液の場合は，冷やしても食塩がほとんど出てこないため，水を蒸発させてとり出す方法がよい。

4 (1)　電磁石は，巻き数が多く，流れる電流の大きさが大きいほど強くなる。
(2)　導線の巻き数と電磁石の強さの関係を調べるときは，巻き数以外の条件は同じにする。

44 しあげのテスト②

87・88ページ

1 (1)㋑　(2)記号…Ⓘ　割合…17%

2 (1)食塩水　(2)赤色　(3)うすい塩酸

3 (1)力点と支点のきょり…長くする。
作用点と支点のきょり…短くする。
(2)2

4 (1)イ　(2)発光ダイオード　(3)光

まちがえやすい

1 (1)　二酸化炭素が多くふくまれていると，石灰水は白くにごる。ものが燃えると，空気中の酸素の一部が使われて，二酸化炭素が増えるため，石灰水が白くにごるのは㋑の集気びんである。
(2)　ものが燃えた後は酸素の体積の割合が小さくなるため，㋑の集気びんの酸素の体積の割合を表しているのはⒾとわかる。気体の体積の割合は，気体検知管の色が変化したところの目盛りを読めばよい。

2 (1)　うすい塩酸，食塩水，うすいアンモニア水，炭酸水のうち，固体がとけた水よう液は食塩水のみである。
(2)　うすい塩酸，食塩水，炭酸水は赤色のリトマス紙につけても色は変化しないが，うすいアンモニア水は赤色リトマス紙を青色に変える。
(3)　うすい塩酸には金属をとかすはたらきがあるが，炭酸水にはない。

3 (1)　てこは，支点と力点のきょりが長いほど，また，支点と作用点のきょりが短いほど，手ごたえが小さくなる。
(2)　てこの左のうでをかたむけるはたらきは，〔力の大きさ〕×〔支点からのきょり〕より，20×2×4＝160　20gのおもり4個を使っててこを水平につり合わせるには，2の目盛りにおもりをつるせばよい。

4 (2)　発光ダイオードは少ない電気の量で長い時間明かりをつけることができる。
(3)　電気は，光のほかに，音や運動などに変えて利用されている。

2 1 0 9 8 7 6 5 4 3
＊ ＊ D C B A